L'ASTRONOMIE

ET LA

MÉTÉOROLOGIE

RÉCRÉATIVES,

D'APRÈS DE LALANDE, HERSCHELL, MM. ARAGO, AJASSON DE GRANDSAGNE, COURNOT, ETC.

OUVRAGE RENFERMANT, OUTRE LES ÉLÉMENS DE LA SCIENCE, DES ANECDOTES, DES PROBLÊMES AMUSANS ET PROPRES A RENDRE L'ÉTUDE DE CES DEUX SCIENCES AGRÉABLE ET FACILE.

Par M. Hémann,

PROFESSEUR ET AUTEUR DE LA GÉOGRAPHIE RÉCRÉATIVE.

PARIS,

B. RENAULT, ÉDITEUR.

1835.

L'ASTRONOMIE

ET LA

MÉTÉOROLOGIE

RÉCRÉATIVES.

CHAPITRE I.

Précis de l'histoire de l'astronomie. — Invention du zodiaque. — A qui appartient l'invention du zodiaque. — Origine de l'astrologie. — Astronomie des Chinois et des Indiens. — Système de Pythagore. — Progrès de la science depuis Pythagore jusqu'à Ptolémée. — Système de Ptolémée. — Sytème de Copernic. — Galilée. — Progrès de l'astronomie depuis Galilée jusqu'à nos jours.

PRÉCIS DE L'HISTOIRE DE L'ASTRONOMIE.

La science de l'astronomie est, selon toutes les apparences, la première dont s'occupèrent les hommes ; son étude remonte aux siècles les plus reculés. Mais ce ne fut, pendant long-temps, qu'une science conjecturale, n'ayant pour fondement que des erreurs grossières. On conçoit que, de tout temps, l'aspect du ciel a dû porter les hommes à la méditation et à l'observation, et c'est peut-être ce qui a fait dire que l'astronomie était fille de la paresse. Les anciens n'étaient pas assez avancés dans les sciences mathématiques, pour rectifier par le raisonnement, les erreurs des sens. Il paraît cependant que, dans les siècles les plus reculés, les éclipses étaient observées, ainsi que le lever et le coucher des principales étoiles. Le mouvement des planètes fut aussi déterminé tant bien que mal.

INVENTION DU ZODIAQUE.

Plus tard, on inventa le zodiaque, c'est-à-dire que la zône ou la bande des cieux dans laquelle le soleil, la lune et les planètes se meuvent, fut divisée en douze signes qui sont : le bélier, le taureau, les gémeaux, le cancer, le lion, la vierge, la balance, le scorpion, le sagittaire, le capricorne, le verseau et les poissons. Ces douze signes servirent à déterminer les saisons, de telle sorte que le printemps commençait à l'entrée du soleil, dans le signe du bélier, l'été, lorsque cet astre entrait dans le signe du cancer, etc. ; mais on n'avait pu calculer alors le mouvement et la rétrocession des équinoxes qui, après une longue suite d'années, devaient nécessairement changer la coïncidence des saisons naturelles avec les saisons astronomiques ; ainsi, maintenant le printemps naturel précède d'environ vingt jours, l'entrée du soleil dans le signe du bélier, et il en est de même pour les autres saisons.

A QUI APPARTIENT L'INVENTION DU ZODIAQUE?

Les astronomes des temps reculés partagèrent le ciel en trois parties égales ; le zodiaque formait celle du milieu ; indépendamment des douze signes dont nous avons parlé, les étoiles furent classées diversement et par groupes que l'on appelle constellations, et chacune de ces constellations reçut un nom particulier.

L'astronomie avait donc fait, dès–lors, un pas immense ; et, chose remarquable, elle faisait dans le même temps des progrès égaux dans des contrées tellement éloignées les unes des autres, que les peuples de ces contrées diverses ne pouvaient alors avoir aucune relation entre eux. Les savans disputèrent long–temps pour savoir à quel peuple appartenait l'invention du zodiaque : Newton l'attribua aux Grecs ; Bryant assure que cette invention est due aux Egyptiens ; d'autres veulent qu'elle appartienne aux Indiens. Les plus raisonnables pensent que le zodiaque fut inventé par les Chaldéens ; mais voici que d'autres savans non moins recommandables, soutiennent qu'il n'y eut jamais de pays appelé Chaldée, ni de peuple nommé Chaldéen, et que ce que nous appelons Chaldéens, étaient les hommes que les écritures désignent sous le nom de *Chasdim* qui signifie *errans*, et que les Persans appelaient *mages*, titre qui se donnait à tous les hommes qui s'occupaient de sciences.

Il nous semble que ces discussions sont oiseuses : les hommes supérieurs sont de tous les pays, et c'est le cas de rappeler ce mot : *Partout où le sage voit des étoiles, il dit :* VOILA MA PATRIE !

ORIGINE DE L'ATMOSPHÈRE.

Ce qui est incontestable, c'est que plusieurs siècles avant l'ère chrétienne, les Egyptiens avaient déjà fait d'immenses progrès dans l'astronomie ; ainsi ils furent les premiers qui déterminèrent exactement les quatre points cardinaux ; la position de leurs pyramides, monumens immortels, en est une preuve convaincante ; ils observèrent le mouvement de Mercure et de Vénus autour du soleil ; ils calculèrent les éclipses, et reconnurent que l'année solaire était de 365 jours six heures. Mais, en Egypte comme ailleurs, ces connaissances étaient le partage exclusif des prêtres, et ces hommes n'en usèrent que pour retenir plus long-temps les peuples dans les langes de l'ignorance ; ce fut dans ce but qu'ils inventèrent l'astrologie, et donnèrent ainsi à la superstition un puissant aliment, l'orgueil ! En effet, le peuple ne pouvait manquer d'accueillir ce système qui lui montrait l'univers réglant tous les événemens de la vie de chaque homme. Cette erreur était si chère aux peuples, que deux mille ans suffirent à peine pour la déraciner.

ASTRONOMIE DES CHINOIS ET DES INDIENS.

Les Chinois s'occupèrent aussi beaucoup de l'astronomie, long-temps avant l'ère vulgaire ; mais il en fut chez eux de cette science comme de toutes les autres, c'est-à-dire qu'après être arrivée à un certain degré, elle demeura stationnaire.

Les Indiens marchèrent plus lentement, mais ils ne s'arrêtèrent pas si tôt, et leurs tables astronomiques nous prouvent que leur système était le résultat de longues et laborieuses observations.

SYSTÈME DE PYTHAGORE.

Quant aux Grecs, ils ne firent, en quelque sorte, que continuer les Egyptiens; mais ils firent en peu de temps des découvertes qui pourraient paraître incroyables. Ainsi il est certain que Pythagore, plus de cinq cents ans avant Jésus-Christ, reconnut les deux mouvemens de la terre, l'un sur son axe, l'autre autour du soleil. Mais des vérités semblables ne pouvaient être alors proclamées sans danger; elles ne furent donc pas enseignées publiquement. Cependant, après la mort de Pythagore, le système de ce grand homme fut avoué par ses principaux disciples; c'est donc à tort que Copernic en est regardé comme l'auteur; ce savant n'a fait qu'agrandir et perfectionner ce que les temps de barbarie n'avaient pu détruire entièrement.

PROGRÈS DE LA SCIENCE

DEPUIS PYTHAGORE JUSQU'A PTOLÉMÉE.

Depuis Pythagore jusqu'à Ptolémée, c'est-à-dire dans une période de quatre cents ans, l'astronomie fit des progrès fort lents; cependant Aristarque de Samos, qui vivait deux cents ans avant l'ère vulgaire, trouva une méthode pour déterminer la distance du soleil à la terre : au moment où la moitié du disque de la lune était éclairée par le soleil, il observa l'angle compris entre le soleil et la lune; et en conclut que le soleil était environ vingt fois plus éloigné de nous que la lune. Cette appréciation, bien qu'inexacte, ne laissa pas d'avoir des résultats importans; une nouvelle route était ouverte.

Après Aristarque, Eratosthène, son disciple, parvint à déterminer l'étendue de la circonférence de la terre.

Puis vint Hipparque, auquel on doit, entre autres découvertes importantes, celle de la précession des équinoxes. Malheureusement les ouvrages principaux de ce grand astronome furent détruits par l'incendie qui consuma la bibliothèque d'Alexandrie.

SYSTÈME DE PTOLÉMÉE.

Ptolémée naquit à Ptolémaïs, en Egypte, 130 ans avant Jésus-Christ; il voulut achever la réforme de l'astronomie, commencée par Hipparque. Plaçant la terre dans le centre des mouvemens célestes, il supposa que le soleil, la lune et les planètes, se mouvaient autour de la terre suivant l'ordre des distances, et ce fut sur cette fausse donnée qu'il établit tout son système dont une foule d'observatious auraient dû lui démontrer la fausseté; ainsi le mouvement en latitude des planètes était une difficulté inexplicable d'après ce système, et cependant ce système fnt suivi pendant quatorze cents ans.

Depuis Ptolémée jusqu'à Copernic, l'astronomie ne fit aucun progrès; il est vrai que l'incendie de la bibliothèque d'Alexandrie avait porté un coup funeste aux sciences, et qu'il était bien plus difficile de s'ouvrir une route nouvelle au milieu de la profonde obscurité que cet événement avait étendue sur les élémens de la science. Neuf cents ans s'écoulèrent sans que rien vînt compenser cette perte immense.

Enfin, dans le huitième siècle de notre ère, le calife Almanzor, et dans le neuvième, le calife Almamoun, encouragèrent quelque peu l'astronomie. Puis vint Alphonse, roi de Castille qui ne négligea rien pour faire prendre un nouvel essor à cette science; mais ses louables efforts furent presque sans résultat.

SYSTÈME DE COPERNIC.

Enfin vint Copernic! Après des recherches immenses sur les travaux des anciens, cet homme de génie parvint à découvrir un arrangement plus simple et plus satisfaisant de l'univers, que ne pouvait jamais l'être celui imaginé par Ptolémée, dont l'extrême complication s'opposait aux progrès de la science; après s'être assuré que quelques philosophes anciens avaient admis la révolution de Vénus et de Mercure autour du soleil, et que le double mouvement de la terre avait été enseigné par Pythagore, il appliqua cette donnée à un grand nombre d'observations astronomiques, et non seulement il ne rencontra point de nouvelles difficultés, mais encore il lui fut facile d'expliquer un grand nombre de celles qui avaient si fort embarrassé Ptolémée et ses successeurs. Persuadé qu'il avait découvert le véritable système du monde, Copernic résolut de le publier; mais l'ignorance et le fanatisme ne lui permirent pas de proclamer ces grandes vérités, comme elles méritaient de l'être; il imagina, pour éviter la persécution, de dédier son livre à Paul III, et dans cette dédicace, il a grand soin de dire que le mouvement de la terre n'est qu'une supposition à l'aide de laquelle il a cherché à rendre les révolutions célestes plus intelligibles. Grâce à cette précaution, son livre resta; mais Copernic n'eut pas le bonheur d'être témoin de son succès; il mourut au moment même de sa publication.

GALILÉE.

A Copernic succéda Galilée qui eut, sur ses prédécesseurs, l'avantage immense du télescope. Ce fut de son temps que cet instrument fut inventé. Galilée s'occupa aussitôt de le perfectionner, et il parvint bientôt à des résultats merveilleux: il découvrit les quatre satellites de la terre, et acquit la certitude que la voie lactée n'était qu'un assemblage d'une immense quantité d'étoiles; il fut aussi le premier qui reconnut les montagnes de la lune, et il parvint à en déterminer la hauteur.

Galilée publia alors ces découvertes admirables, et enseigna ouvertement le système de Copernic; mais ce que ce dernier avait évité, arriva à son successeur: les dévots trouvèrent que le mouvement de la terre était en contradiction flagrante avec l'écriture sainte; l'inquisition s'émut d'une doctrine qui pouvait diminuer la puissance des prêtres; elle cita Galilée à son tribunal et ce grand homme, alors âgé de soixante dix ans, fut obligé de signer l'abjuration des vérités immortelles que les moines appelaient d'exécrables hérésies. Voici les termes de cette abjuration qui lui fut dictée.

« Moi, Galilée, à la soixante dixième année de mon âge, constitué personnellement en justice,

étant à genoux et ayant devant les yeux, les saints évangiles que je touche de mes propres mains, d'un cœur et d'une foi sincères, j'abjure, je maudis et je déteste l'erreur, l'hérésie du mouvement de la terre. »

Il se releva après avoir prononcé cette abjuration, mais en ce moment même, la force de la vérité l'emportant sur la crainte, il ne put retenir cette exclamation: « *Cependant elle tourne!* »

Cela ne l'empêcha pas d'être condamné à une prison perpétuelle, et il ne dut de recouvrer sa liberté au bout d'un an de captivité, qu'au grand duc de Toscane; encore y mit-on cette restriction qu'il ne pourrait quitter le territoire de Florence.

PROGRÈS DE L'ASTRONOMIE,

DEPUIS GALILÉE JUSQU'A NOS JOURS.

Cependant Képler en Allemagne, et Ticho-Brahé en Norwège faisaient faire à l'astronomie des progrès rapides. Huyghens et Casini qui vinrent ensuite, firent une foule de découvertes importantes. On avait découvert le mouvement des astres; mais il restait à trouver et à expliquer les lois de ce mouvement.

Descartes donna aux mouvemens de tous les corps célestes un principe mécanique. Selon lui, l'espace était rempli de tourbillons d'une matière subtile, dans le centre desquels étaient les corps; ainsi le tourbillon d'une planète était mis en mouvement par le tourbillon du soleil, et le tourbillon de la planète déterminait à son tour le mouvement du satellite. Il suffisait d'une objection pour renverser cet échafaudage: comment les comètes qui parcourent l'immensité en tous sens, traversaient-elles ces tourbillons sans en détruire l'harmonie?

Cette admirable découverte des lois du mouvement était réservée à Newton. Ce savant philosophe naquit en Angleterre en 1642, année de la mort de Galilée. Un jour qu'il se promenait en cherchant la solution de ce grand problême, une pomme qui se détacha d'un arbre et tomba à ses pieds, lui donna la première idée de l'attraction; il reconnut que la terre exerce sur tous les corps à sa surface, une attraction en vertu de laquelle ils tendent tous à tomber vers elle; il se demanda pourquoi le soleil, les planètes et les satellites n'auraient pas la même propriété en proportion de leur grandeur, et toutes les difficultés furent levées.

Depuis ces célèbres astronomes, Herschell, Laplace, ont reculé les bornes de la science qui, chaque jour, fait de nouveaux progrès, grâce aux travaux des hommes célèbres auxquels nous ferons de nombreux emprunts, ainsi que l'annonce notre titre.

CHAPITRE II.

PREMIÈRES OBSERVATIONS.

Aspect du Ciel. — Des quatre points cardinaux et de l'horizon. — Des pôles. — De l'équateur et du méridien. — Mouvement annuel. — Equinoxes, solstices, tropiques. — Signes du zodiaque. — Remarques curieuses.

ASPECT DU CIEL.

L'univers est sans bornes ; il est peuplé d'astres innombrables, de mondes semblables au nôtre, composés, comme le nôtre, d'un centre d'attraction, d'un foyer vivifiant lumineux, et de planètes qui tournent autour de ce centre. Ces foyers, d'où émanent la lumière et la chaleur, paraissent à nos yeux, eu égard à leur énorme distance, comme autant d'étoiles que les astronomes ont appelées fixes, parce qu'elles gardent constamment les mêmes rapports entre elles, et forment ainsi des groupes, en affectant diverses figures plus ou moins symétriques, de lignes droites, de lignes courbes, etc. Si ces étoiles nous paraissent se lever d'un côté de la terre, traverser le ciel et disparaître de l'autre côté, cela tient au mouvement de rotation de la terre. Emportés nous-mêmes par ce mouvement, nous croyons les voir marcher, comme celui qui, dans un bateau emporté par un fleuve, croit voir les arbres du rivage fuir du côté opposé au bateau. On remarque ensuite des astres qui changent de position, les uns par rapport aux autres; et on reconnaît que, comme la terre, ils tournent autour du soleil: on leur a donné le nom d'astres errans ou *planètes*. On voit aussi, avec un examen attentif, d'autres corps qui se meuvent autour des planètes comme celles-ci autour du soleil; la lune est dans ce cas par rapport à la terre; on leur a donné le nom de *satellites*. De temps en temps, on voit paraître dans le ciel des corps lumineux qui exécutent un mouvement autour du soleil; ces astres, d'une lueur nébuleuse, présentent un noyau lumineux à la suite duquel se trouve une longue traînée de feu: ce sont les *Comètes*.

DES QUATRE POINTS CARDINAUX, ET DE L'HORIZON.

En observant le point céleste où le soleil se lève, nous déterminons facilement l'*orient*; en observant la situation à midi, nous aurons le *sud*; le point où le soleil disparaît est le *couchant*; le *nord* est le point opposé au *sud*.

L'horizon est cette ligne qui borne notre vue lorsque, d'un point élevé, nous regardons autour de nous: c'est le point où le ciel et la terre semblent se toucher. Pour se livrer aux observations astronomiques, il faut commencer par établir que nous voyons au-dessus de notre horizon la moitié de tout le ciel, c'est-à-dire qu'une moitié du ciel est toujours visible et sur l'horizon, tandis que l'autre moitié est invisible et sous l'horizon. Nous ne pouvons donc pas nous attendre à voir toutes les constellations et planètes à la fois.

Pour procéder dans leurs études avec plus de précision, les astronomes ont appliqué au ciel les 360 dégrés par lesquels les géographes divisent la surface de la terre; de sorte que toute la circonférence de l'horizon du ciel est supposé de 360, et en la divisant proportionnellement la moitié est de 180, et le quart de 90. Et comme nous ne voyons que la moitié du ciel sur l'horizon, la ligne qui passe au-dessus de notre tête, d'un côté de l'horizon au côté directement opposé sera de 180 degrés, et par la même raison il y aura 90 degrés depuis le point au-dessus de notre tête appelé *Zénith*, à l'horizon de chaque côté.

Un quart d'heure d'attention suffit pour voir l'horizon entier s'avancer de l'est à l'ouest; et ce mouvement provient de la terre qui se meut de l'ouest à l'est. On n'a qu'à s'arrêter à une étoile quelconque entre le zénith et la partie méridionale de l'horizon, dans le contact apparent avec l'extrémité de quelque maison, d'un arbre ou d'un autre objet fixe; en peu de minutes on s'apercevra du mouvement de l'étoile et de tout le ciel, de l'est à l'ouest.

DES POLES.

Nous voyons le soleil et la lune se lever et se coucher chaque jour; mais si nous passons quelques heures de la nuit à regarder les autres corps célestes, nous les verrons se lever et se coucher aussi; et de là nous conclurons en général qu'il y a donc un mouvement commun, par lequel tous les autres font, ou paraissent faire le tour de la terre en 24 heures. C'est le mouvement *diurne* ou *journalier*. Nous observerons encore que les étoiles ne décrivent pas toutes des cercles d'une égale grandeur ; et que ces cercles parallèles entre eux sont toujours plus petits les uns que les autres, à mesure qu'ils sont plus près d'un point du ciel qui paraît immobile, et que nous appelons *Pôle du monde*. Celui que nous voyons en France, est le *Pôle septentrional* ou *arctique*.

En voyant le pôle arctique, il est facile de concevoir qu'il y a un autre pôle du côté du midi, que l'on appellera pôle méridional ou antarctique, opposé au premier, et autant abaissé sous l'horizon que le premier est élevé sur le cercle. Ces deux pôles sont comme les extrémités d'une ligne droite que l'on suppose aller de l'un à l'autre bout, et qui s'appelle *axe du monde*, parce que c'est en effet autour de cette ligne, comme d'un axe ou essieu, que tout le ciel paraît tourner chaque jour.

DE L'ÉQUATEUR ET DU MÉRIDIEN.

Si parmi les cercles que décrivent les astres autour de l'axe du monde, on en imagine un, à une égale distance des deux pôles, ce sera l'équateur. Le méridien est l'endroit où est le soleil, lorsqu'après être monté au plus haut de sa course, il va commencer à descendre. Il en est de même pour les autres astres ; mais ce point est plus ou moins éloigné, et nous voyons le soleil tantôt plus haut et tantôt plus bas à midi. Pour trouver un méridien invariable, il faudra donc imaginer un grand cercle passant par le zénith et par les pôles ; ce méridien étant à une égale distance du lever et du coucher de chaque astre, marquera nécessairement le milieu du jour. Le soleil paraissant aller d'orient en occident, il doit nécessairement se lever et arriver au point qui marque le milieu du jour, plus tôt pour les pays situés à l'orient, que pour ceux situés à l'occident; il y aura autant de méridiens qu'il y a de points sur la terre d'orient en occident; tous se couperont aux pôles, chacun passera par le zénith du lieu dont il est méridien.

MOUVEMENT ANNUEL.

Après le mouvement diurne, on en découvre un autre, qui n'est, aussi bien que le premier, qu'une apparence causée par le mouvement de la terre, comme on verra plus bas. Si l'on observe, plusieurs jours de suite et à la même heure, du côté de l'occident, quelque étoile après le coucher du soleil, on la verra de jour en jour plus proche du soleil, de sorte qu'elle disparaîtra à la fin, et sera effacée par les rayons de cet astre, dont elle était assez loin quelques jours auparavant. Comme cette étoile n'a changé ni sa situation, ni sa distance par rapport aux autres, et que d'ailleurs toutes les étoiles se lèvent et se couchent aux mêmes points de l'horizon, tandis que le soleil change tous les jours les points de son lever et de son coucher, on conclura que ce ne sont pas les étoiles qui se rapprochent du soleil, mais que c'est plutôt le soleil qui se rapproche successivement des étoiles qui sont plus orientales que lui. Ce mouvement est d'un degré environ par jour; il s'achève en un an, et s'appelle le mouvement *annuel*. Il se fait d'occident en orient, et par conséquent en sens contraire du mouvement diurne. La trace du mouvement annuel observée avec soin, s'est trouvée être un cercle qui coupe obliquement l'équateur, et ce cercle a été appelé l'*écliptique*.

EQUINOXES, SOLSTICES, TROPIQUES.

Pour déterminer la situation de l'écliptique, on remarqua d'abord qu'il y avait dans l'année deux jours éloignés de six mois l'un de l'autre, où le soleil à midi avait la même hauteur que l'équateur, et par conséquent décrivait ce cercle. Ces deux jours furent nommés *Equinoxes*, c'est-à-dire égaux aux nuits, parce que le soleil, dans ces deux jours, est douze heures au-dessus de l'horizon et douze heures au-dessous.

Le jour de l'équinoxe du printemps, on remarqua l'étoile qui passait au méridien douze heures après le soleil, à la hauteur que le soleil avait eue ce jour-là, c'est-à-dire, à la hauteur de l'équateur. Cette étoile marquait évidemment le point du ciel opposé au soleil, c'est-à-dire l'équinoxe d'automne, et l'endroit où le soleil devait se trouver six mois après, en traversant l'équateur du nord au midi, comme il l'avait traversé du midi au nord six mois auparavant.

Le soleil étant arrivé à l'équinoxe d'automne, on distingua de même à minuit le point opposé du ciel, c'est-à-dire l'exquinoxe du printemps. D'ailleurs, on avait observé deux autres jours de l'année également éloignés des équinoxes, où le soleil se trouvait à sa plus grande distance au-dessus et au-dessous de l'équateur. Ces deux jours furent appelés *Solstices*; et les deux cercles parcourus par le monvement diurne du soleil, l'un au solstice d'été, l'autre au solstice d'hiver, eurent le nom de *Tropiques*.

SIGNES DU ZODIAQUE.

Par ce même mouvement de la terre d'occident en orient, le soleil paraît répondre, pendant les douze mois de l'année, à autant de constellations placées dans cette zône, large d'environ 20°, et qui sont: le verseau en janvier (♒), les poissons, en février (♓); le bélier, en mars (♈); le taureau, en avril (♉); les gémaux, en mai (♊); l'écrevisse, en juin (♋); le lion, en juillet (♌); la vierge, en août (♍); la balance, en septembre (♎); le scorpion, en octobre (♏); le sagittaire, en novembre (♐); le capricorne, en décembre (♑).

REMARQUES CURIEUSES.

Ces signes ont environ 30 degrés chacun. Le soleil entre dans chacun d'eux du 19 au 23 de chaque mois. Ainsi que nous l'avons dit dans le chapitre précédent, cela était rigoureusement exact à l'époque de l'invention du zodiaque; mais, par un mouvement très-lent des constellations, mouvement qui est d'environ 50 secondes par année, ces rapports n'ont plus lieu de la même manière; en sorte que depuis deux mille ans, époque présumée de l'invention du zodiaque, le système des constellations a reculé vers l'orient de près de 30 degrés, ce qui fait qu'elles ne répondent plus aux mêmes signes. Ainsi, le signe du bélier, qui marquait, au temps d'Hipparque et de Ptolémée, l'équinoxe du printemps, est maintenant dans la constellation des poissons jusqu'au 21 mars, celui du taureau dans la constellation du bélier jusqu'au 20 avril. Cette révolution lente, en supposant son mouvement uniforme, s'achèvera au bout de 26,000 ans environ. Les astronomes l'attribuent au balancement des pôles de la terre autour des pôles de l'écliptique, en décrivant un cercle de 47° de diamètre; ils la désignent sous le nom de *précession des équinoxes.*

Les poètes grecs et romains de l'ancienne théologie imaginèrent des fables sur l'origine des constellations; ces fables donnèrent probablement naissance aux hyéroglyphes égyptiens, et ensuite furent transmises à l'Europe par le canal des Grecs, avec les changemens ou altérations qui convenaient le mieux à ces peuples qui les arrangèrent d'ailleurs sur les sujets de leurs propres fables. Il est probable que l'invention des signes du zodiaque appartient à un peuple très-ancien qui vivait dans quelque climat au nord de la zône torride, peut-être dans la Tartarie ou dans le nord de la Chine, ce qui s'accorderait avec la haute antiquité du peuple chinois dont les annales remontent à plus de quatre mille ans, et dont l'origine se perd dans les profondeurs d'un passé immense et peut-être incalculable. De là, quoiqu'il en soit, il paraît certain que les figures des signes du zodiaque sont relatives aux saisons de l'année; ainsi, le bélier indique que, vers le temps où le soleil entrait dans l'équinoxe, les agneaux commencèrent à suivre leurs mères. La relation fabuleuse de cette constellation, telle qu'elle nous est venue des Grecs, a du rapport avec le bélier d'or de Phricas, offert en sacrifice à Jupiter, et qui fut enlevé par ce dieu pour être placé au ciel. Le taureau a sans doute été placé par les Egyptiens et les Babyloniens, dans cette partie du zodiaque que le soleil semble parcourir vers le temps où les vaches mettent bas. D'après les fables des Grecs, ce taureau était celui qui transporta Europe dans l'île de Crète en traversant les mers, et que Jupiter, pour récompenser de ce service signalé, plaça l'animal, dont il avait lui-même pris la forme parmi les étoiles. Le troisième signe, ou les gémeaux, était autrefois représenté par deux chevreaux; il indiquait la saison où les chèvres mettent bas leurs petits qui sont toujours au nombre de deux. Le cancer est représenté par une écrévisse, ce qui indique que le soleil, en arrivant dans ce signe, commence sa marche rétrograde vers l'équateur. Les Grecs disaient que lorsque Hercule combattait l'hydre de Lerne, une écrevisse qui rampait à terre, mordit le pied de ce héros; elle fut écrasée sous le talon de ce demi-dieu; mais Junon la plaça dans le ciel. Les fables grecques disent que le lion, qui est le cinquième signe du zodiaque, était le lion de Némée, qui tomba de la lune; mais ayant été tué par Hercule, il fut placé au ciel par Jupiter, en commémoration de ce terrible combat, et en honneur du héros. Il est probable que les Égyptiens n'entendaient rien autre chose que la grande chaleur produite lors du passage du soleil dans ce signe, et comme, vers le solstice d'été, les lions sont très-nombreux et très-dangereux en Ethiopie, cette circonstance explique pourquoi les Égyptiens placèrent ce signe dans leur zodiaque. On doit observer aussi que l'emblême du lion servait d'enseigne à la tribu de Judas. La vierge, qui est le sixième signe, est représentée comme une fille moitié nue, tenant un épi de blé; ce qui marque évidemment la saison des récoltes, parmi les peuples qui inventèrent ce signe. Les Grecs nous racontent que cette vierge était autrefois fille d'Astrée et d'Ancora; qu'elle vivait dans l'âge d'or, et enseignait aux hommes leurs devoirs; mais leurs crimes augmentant toujours, elle fut obligée de les abandonner, et alla prendre sa place dans les cieux. Il est certain que les Égyptiens représentaient par cet emblême, leur déesse Isis. La balance signifie que lorsque le soleil arrive à ce point vers l'équinoxe d'automne, les jours sont égaux aux nuits. Les Égyptiens placèrent probablement le scorpion, insecte venimeux dans cette partie du ciel, pour marquer que, lorsque le soleil y arrive, il hâte le développement de beaucoup de maladies; ce fléau ne pouvait en effet être mieux représenté que par un animal dont la piqûre est mortelle; Le sagittaire est représenté sous la forme d'un centaure au moment où il tire. Il est probable que le sagittaire a du rapport avec la chasse; car c'est en effet dans la saison de cet exercice, que le soleil parcourt ce signe. Le capricorne est représenté par un bouc à queue de poisson; les Grecs prétendent que Pan, pour se soustraire au géant Typhon, se jeta dans le Nil, et fut changé en cet animal; ce fut en commémoration de cet exploit que Jupiter l'éleva au ciel. Il est cependant plus probable, d'après l'observation de Macrobe, que les Égyptiens marquèrent ainsi cette partie du zodiaque, parce qu'alors, le soleil commençant à monter vers le nord, le bouc se complait en effet à grimper sur les montagnes. Le signe du capricorne amène le solstice d'hiver, relativement à notre hémisphère; mais les étoiles ayant avancé de tout ce signe vers l'est, le signe du capricorne correspond maintenant à la onzième constellation, et c'est aujourd'hui lorsque le soleil paraît décrire le signe du sagittaire qu'arrive le solstice d'hiver. Le verseau est représenté par un courant d'eau sortant d'un vase. Le coucher héliaque du verseau a lieu vers la fin de juillet, et les anciens égyptiens prétendaient que les débordemens du Nil provenaient de la position penchée qu'avait alors le vase de la constellation. Le signe des poissons est représenté par deux poissons liés ensemble par la queue; l'approche du printemps avertissait alors l'homme que la saison de la pêche allait commencer. Les anciens attribuaient à ce signe une influence funeste. Les Syriens et les Égyptiens se sont long-temps abstenus de manger du poisson, et lorsqu'ils avaient à représenter quelque chose d'odieux, ils lui donnaient l'emblème du poisson.

CHAPITRE III.

Preuves en faveur du système de Copernic. — Système planétaire. — Distances et révolutions des planètes. — Mouvement de rotation des planètes. — Aspect du ciel au sommet du Mont-Blanc, l'une des plus hautes montagnes du globe. Les planètes sont-elles habitées?

PREUVES EN FAVEUR DU SYSTÈME DE COPERNIC.

Il est certain que, en supposant que le soleil accompagné de toutes les planètes et de leurs satellites tourne autour de la terre, les apparences des phénomènes célestes seraient à peu près les mêmes que dans l'hypothèse contraire, c'est à dire qu'en supposant que la terre et les autres planètes tournent autour du soleil; mais la première de ces deux hypothèses est détruite par le raisonnement. En effet, les masses du soleil et des différentes planètes étant considérablement plus grandes que celle de la terre, il serait impossible de trouver la loi qui assujétirait les plus grandes masses à la plus petite; et puis quelle rapidité faudrait-il supposer à quelques unes des planètes pour qu'elles pussent faire leur révolution autour de la terre en une an-

sistême de Copernize.

née, en même temps qu'elles tourneraient autour du soleil, dont quelques unes sont dix fois plus éloignées que nous ?

Non seulement l'hypothèse du mouvement de la terre réunit en sa faveur la simplicité et l'analogie, mais elle seule permet d'expliquer d'une manière satisfaisante un grand nombre de phénomènes célestes, comme nous le verrons par la suite. Le soleil est donc le centre du monde ; le globe terrestre se perd dans le système solaire, comme ce système lui-même se perd dans l'étendue de l'univers qui n'a point de limites ; car il s'en faut bien que nous connaissions toutes les étoiles fixes, et cependant la distance du soleil aux étoiles que nous connaissons est telle, que les soixante-six millions de lieues du diamètre de l'orbite terrestre ne sont pour ainsi dire qu'un point en comparaison de cette distance. D'après l'opinion de Cassini, l'étoile fixe la plus voisine, et qui offre quelque probabilité dans ce calcul, est éloignée de nous de 10,250 fois le rayon de l'orbite terrestre, ou 656,100,000,000 de lieues. Entre Saturne et cette étoile, il y aurait la distance de 2,000 fois celle de cette planète au soleil. Enfin, la lumière partant des étoiles fixes mettrait, en parcourant soixante-dix mille lieues par seconde, d'après le calcul de Roëmer et de Cassini, près de trois ans pour arriver jusqu'à nous. Ce calcul effraie l'imagination et confond l'intelligence de l'homme.

SYSTÊME PLANÉTAIRE.

Indépendamment des étoiles fixes, il en est d'autres qui se meuvent autour du soleil avec une vitesse plus ou moins grande ; ces corps avec leurs satellites et les comètes composent ce que l'on nomme le système planétaire. Les planètes connues jusqu'à présent sont au nombre de onze, savoir : mercure, vénus, la terre, mars, vesta, junon, cérès, pallas, jupiter, saturne et herschel ou uranus. Les satellites ou planètes secondaires que nous connaissons sont au nombre de dix-huit : la lune, les quatre satellites ou lunes de jupiter, les sept satellites de saturne, et les six de herschel ; quant aux comètes, leur nombre est immense et sera peut-être toujours inconnu.

Les planètes tournent de l'ouest à l'est c'est-à-dire que leur mouvement est le même que celui du soleil sur son axe ; les plans de leurs orbites forment des angles avec le cercle dans lequel la terre tourne autour du soleil. Un spectateur qui serait au centre du soleil ne pourrait jamais juger des différentes distances des planètes à cet astre, attendu que les plans des orbites dans lesquels les planètes se meuvent, se coupent en des lignes qui passent par le centre du soleil, de sorte que le spectateur observerait que les planètes se meuvent dans la surface concave du ciel, divisée en deux parties égales par les grands cercles qu'elles décrivent. Afin d'observer ces différentes distances, il faut supposer que l'on est placé au-dessus des plans de tous les orbites, et à une hauteur égale à la distance du soleil à la terre. De cette position, on verra les étoiles fixes en même temps que l'on pourra observer tout le système planétaire. Le soleil paraîtra immobile, l'on verra toutes les planètes tourner autour de lui en décrivant des cercles plus ou moins grands : ainsi celles qui accompliront leurs révolutions le plus tôt seront les plus rapprochées du soleil, et celles dont les révolutions dureront le plus de temps, en seront les plus éloignées.

DISTANCE ET RÉVOLUTIONS DES PLANÈTES.

La distance de Mercure au soleil est de 13,361,000 lieues, et sa révolution s'accomplit en 87 jours 23 heures 15′ 44″.

La distance de Vénus au soleil est d'environ 25,000,000 de lieues, et sa révolution s'accomplit en 125 jours.

La terre est éloignée du soleil d'environ 34,515,000 lieues, et elle tourne autour de cet astre en 365 jours 6 heures.

La distance de Mars au soleil est de 52,613,000 lieues, et sa révolution se fait en 687 jours.

La distance moyenne de Vesta au soleil est de 81,904,100 lieues, et sa révolution se fait en 1,335 jours.

Junon est éloignée du soleil d'environ 92,051,500 lieues, et sa révolution s'accomplit en 1,591 jours.

Cérès est éloignée du soleil d'environ 95,532,000 lieues, et sa révolution s'accomplit en 1,681 jours 12 heures.

Pallas est éloignée du soleil d'environ 95,600,000 lieues, et sa révolution se fait en 1,682 jours.

La distance de Jupiter au soleil est d'environ 179,575,000 lieues, et sa révolution s'opère en 4,333 jours.

Saturne est à une distance de 329,232,000 lieues du soleil, et sa révolution s'accomplit en 10,759 jours.

La distance d'Uranus ou Herschel au soleil est de 662,114,000 lieues, et sa révolution s'accomplit en 30,689 jours.

La lune et les autres satellites décrivent des orbites autour de leurs planètes respectives.

Certaines comètes décrivent des orbites tellement excentriques, qu'après avoir traversé notre systême planétaire, elles en sortent et sont plusieurs siècles sans y reparaître.

MOUVEMENT DE ROTATION DES PLANÈTES.

Le mouvement par lequel les planètes décrivent des cercles autour du soleil, s'appelle translation ; mais indépendamment de ce mouvement, chaque planète en a un autre qui consiste à tourner sur son axe, et que l'on appelle mouvement de rotation.

Mercure, Vénus et Mars tournent sur eux-mêmes à peu près dans le même temps que la terre, c'est-à-dire, en un jour ; Jupiter et Saturne, à peu près en $\frac{4}{10}$ de jour ou environ 10 heures : ainsi, vu leur grosseur, leur rotation se fait extrêmement vite. Comparée à celle de la terre, la rotation de Jupiter est 26 fois plus rapide ; celle de Saturne, 22 fois plus : la rotation d'Uranus est inconnue.

L'observation a montré que toutes ces planètes ont la même forme que la terre, c'est-à-dire qu'elles sont renflées à leur équateur et aplaties aux pôles. On s'est assuré en même temps que cet aplatissement est à peu près en raison de la vitesse du mouvement de rotation. Ainsi, par exemple, Jupiter, qui tourne 26 fois plus vite que la terre, est aplati d'un 12e, ou environ 26 fois plus que la terre ; d'où il faut conclure que le mouvement de rotation est la cause de cet aplatissement : l'aplatissement de la terre est donc une preuve directe qu'elle tourne sur elle-même.

On sait en effet que tous les corps qui tournent autour d'un centre, tendent à s'en éloigner avec d'autant plus de violence que le mouvement est plus rapide ; c'est cette tendance qu'on appelle la force *centrifuge*. Elle est opposée à l'action de la *pesanteur* ou force *centripète*, qui ramène les molécules vers le centre. C'est pourquoi dans chaque planète, comme sur la terre, la région voisine de l'équateur, où le mouvement est plus rapide, a dû s'écarter du centre, c'est-à-dire, se renfler : cette altération de forme n'a pu s'effectuer que parce que la matière des planètes était originairement dans l'état de liquidité.

L'action de la force centrifuge, étant opposée à la pesanteur, doit en contrarier l'effet ; ainsi les corps doivent peser moins à l'équateur que dans toute autre partie de la planète. C'est ce dont on s'est assuré au moyen du pendule. Mis en mouvement et écarté de la verticale, le pendule retombe vers la terre, ramené par la pesanteur : plus la pesanteur est grande, plus grande aussi est la vitesse avec laquelle il retombe. On a donc observé qu'à l'équateur un pendule d'une longueur donnée bat plus lentement que dans les contrées plus voisines du nord ; en sorte que l'on est obligé de lui donner des longueurs différentes selon les pays, quand on veut avoir des oscillations de même durée. Il faut le raccourcir à mesure qu'on s'approche de l'équateur.

ASPECT DU CIEL,

AU SOMMET DU MONT-BLANC, L'UNE DES PLUS HAUTES MONTAGNES DU GLOBE.

Le célèbre Saussure dont les travaux ont fait faire de si grands progrès à la science, fut le premier qui, avec des efforts innouis, et en bravant des périls de toute espèce, parvint au sommet du Mont-Blanc.

« De cette hauteur immense, dit-il, j'admirais l'aspect du ciel ; la lune brillait dans toute sa splendeur ; et Jupiter, rayonnant comme le soleil, s'élevait derrière les montagnes à l'est ; tandis que la blancheur éclatante de la neige formait un contraste aussi délicieux que singulier : quelle belle scène ! Les étoiles, s'égarant en quelque sorte sur les côtés éblouissans de la montagne, comme si le voile du ciel avait été levé, frappaient les yeux du plus vif éclat. La voûte obscure, dans la profondeur de laquelle on se perd, se montrait remplie de mondes brillans ; et quoique beaucoup fussent plusieurs millions de fois plus près de nous que d'autres, cependant ils paraissent tous à une même distance. Nous savons que le soleil est plus près qu'aucune autre étoile ; que la lune et plusieurs planètes sont plus près de nous que le soleil, parce qu'elles se mettent quelque fois entre cet astre et nous, et cependant ils paraissent tous placés sur la surface d'une sphère dont notre œil était le centre.

LES PLANÈTES SONT-ELLES HABITÉES ?

Le soleil n'agit pas seulement sur toutes les planètes en les forçant à tourner autour de lui ; il leur distribue à chacune de la lumière, et probablement de la chaleur ; or, puisqu'il est certain que c'est à l'influence de cet astre qu'est due la naissance des animaux et des plantes sur notre globe, on en peut conclure, par analogie, qu'il produit sur les autres planètes des effets à peu près semblables. On chercherait vainement la raison de la fécondité de la terre à l'exclusion des corps qui lui ressemblent. Ainsi, par exemple, Jupiter a ses jours, ses nuits et ses années comme la terre, son atmosphère est considérable ; il y a donc beaucoup de raisons qui portent à croire que cette planète est habitée, et il n'en est pas une à l'appui de l'hypothèse contraire. Il en est à peu près de même pour les autres planètes. A la vérité, l'atmosphère sans laquelle nous ne pourrions vivre, n'est probablement pas la même que celle des autres planètes ; mais est-ce à dire que la vie et l'intelligence soient subordonnées à certaine forme? Ne peut-il y avoir une diversité d'organisation faite pour les diverses températures des globes de l'univers? Ne voyons-nous pas, sur notre terre, que les productions sont en raison des climats et des élémens? Les hommes du centre de l'Afrique qui vivent sous un soleil presque vertical, ne pourraient pas vivre en Sibérie; est-ce à dire pour cela que la Sibérie n'est pas habitée?

Il y a plus, l'hypothèse que les planètes sont habitées par des êtres de notre espèce, n'est pas déraisonnable ; seulement il faut admettre, dans ce cas, que les planètes les plus près du soleil ne sont habitées qu'à leurs pôles, tandis que les planètes les plus éloignées de cet astre ne seraient habitées que dans leurs régions équatoriales. Nous reviendrons sur ce sujet lorsque nous parlerons de chaque planète en particulier.

Au reste, notre système planétaire n'est peut-être qu'une partie imperceptible d'un système dont notre imagination est incapable de comprendre l'immensité, et dont le centre ne nous sera jamais connu. Cette idée a été exprimée en très-beaux vers par M. Lemercier.

« Il est un dernier centre éloigné de la sphère
» Sur qui tournent captifs nos cieux et notre terre;
» Non celui du soleil, fixe à nos yeux bornés,
» Et qu'en un autre éther, lieux indéterminés,
» Attirent en secret tant d'étoiles pressées,
» Autres soleils roulant par-delà nos pensées!
» Mais un vrai centre unique où tendent tous les corps,
» Point où s'évanouit le jeu de leurs ressorts,
» Obscur milieu du monde, et terme des distances,
» Où vont des pesanteurs aboutir les puissances. »

CHAPITRE IV.

DE LA SPHÈRE ET DU GLOBE ARTIFICIELS.

De la sphère artificielle. — Position de la sphère. — Des zônes. — Latitudes et longitudes. — Des climats. — Du globe artificiel.

PROBLÈMES AMUSANS

QUE L'ON PEUT RÉSOUDRE AU MOYEN DE LA SPHÈRE OU DU GLOBE.

Trouver la semaine des trois jeudis. — Trouver l'heure qu'il est à Jérusalem et à Quito quand il est midi à Lyon. — Le jour et l'heure étant donnés pour un lieu quelconque, trouver tous les lieux où le soleil se lève, ceux où il se couche, ceux où il passe au méridien ; le lieu où il est vertical, ceux qui voient l'aurore, ceux qui voient le crépuscule, et ceux qui comptent minuit. — Quand il est minuit en un lieu quelconque dans les zônes torrides et tempérées, trouver la hauteur solaire pour un lieu quelconque de zône glaciale septentrionale sur le même méridien, où le soleil ne descend pas sous l'horizon.

DE LA SPHÈRE ARTIFICIELLE.

Maintenant que nous avons donné des notions générales sur l'astronomie, que nous avons fait connaître les premières observations, leur résultat, et le système planétaire généralement admis, nous allons parler de la sphère artificielle, objet ingénieux qui a l'avantage de rendre à la fois facile et amusante l'étude de l'astronomie.

La sphère artificielle est une machine composée de plusieurs cercles, pour représenter et expliquer les mouvemens vrais ou apparens du ciel.

On compte dans la sphère huit cercles, quatre grands et quatre petits. Les grands cercles partagent la sphère en deux parties égales, et les petits la partagent en deux parties inégales.

Tous les cercles sont évidés. Elle a au centre un petit globe qui figure la terre. L'équateur est coupé par le large cercle du zodiaque. Au milieu du zodiaque est tracé l'écliptique. D'un côté de l'écliptique est placée la division des signes en degrés, et de l'autre côté la division correspondante des mois en jours. On remarque encore dans la sphère deux cercles, appelés l'un le *Colure* des équinoxes, qui passe par les points des équinoxes; l'autre, le *Colure* des solstices qui passe par les points des solstices: ce sont deux méridiens qui ne servent dans la sphère qu'à soutenir les autres cercles. Enfin, sur le colure des solstices, et au point qui sert de pôle à l'écliptique, sont attachés deux petits quarts de cercles mobiles qui portent, l'un l'image du soleil, l'autre l'image de la lune, et qui par leur mouvement indiquent à peu près la marche de ces deux astres.

POSITIONS DE LA SPHÈRE.

On peut donner à la sphère trois différentes positions ; la droite, la parallèle et l'oblique.

La sphère est *droite* lorsque les pôles sont dans l'horizon, et que l'équateur coupe ce cercle à angles droits ; c'est-à-dire sans être incliné ni vers le midi, ni vers le nord. Dans cette position, non seulement l'équateur, mais encore tous les cercles parallèles à l'équateur, que le soleil décrit par son mouvement diurne apparent, sont coupés par l'horizon en deux parties égales ; c'est pourquoi il y a un équinoxe perpétuel, c'est-à-dire que les jours et les nuits sont constamment égaux, ce qui n'a lieu que pour les peuples qui sont sous l'équateur.

La sphère est *parallèle*, lorsque les pôles sont dans le zénith et le nadir, et que l'équateur est dans l'horizon, et par conséquent parallèle à l'horizon. Dans cette position, une moitié de l'écliptique est toujours au-dessus de l'horizon, et l'autre moitié toujours au-dessous : et par conséquent, supposé qu'il y eût des peuples sous les pôles, ils n'auraient qu'un seul jour et une seule nuit dans l'année, l'un et l'autre de six mois, puisque le soleil est six mois à parcourir chaque moitié de l'écliptique.

La sphère est *oblique*, lorsque l'équateur est oblique ; c'est-à-dire incliné sur l'horizon. Dans cette position qui a lieu pour tous les pays situés entre l'équateur et chaque pôle, tous les cercles que le soleil décrit par son mouvement diurne, sont coupés par l'horizon en deux parties inégales : par conséquent, les jours et les nuits ne sont pas égaux entre eux, si ce n'est au temps des équinoxes, où le soleil se trouve dans l'équateur.

DES ZONES.

Il y a cinq zônes, savoir : une torride, deux glaciales et deux tempérées.

La zône *torride* remplit, comme une large bande circulaire, tout l'espace compris entre les deux tropiques ; l'équateur la partage en deux par le milieu. Elle a 47° de large, c'est-à-dire 1175 lieues, en comptant 25 lieues par degré.

Les deux zônes froides ou *glaciales* sont renfermées entre chaque cercle polaire et le pôle correspondant qui en fait le centre : l'une est méridionale, et l'autre septentrionale.

Les deux zônes tempérées sont comprises entre chaque tropique et le cercle polaire correspondant.

LATITUDES ET LONGITUDES.

On entend par latitude l'intervalle qui sépare l'équateur du pôle ; cet intervalle qui forme le quart de la circonférence entière, est divisé en 90 degrés, marqués par autant de *parallèles principaux*, ou *cercles de latitudes*, lesquels deviennent de plus en plus petits à mesure qu'on s'approche des *pôles*. L'intervalle de ces parallèles est lui-même subdivisé en minutes et en secondes, de cette manière ; on peut indiquer avec précision à quelle distance un lieu se trouve de l'équateur dans chacun des deux hémisphères ; c'est ce qu'on appelle la *latitude* d'un lieu. Comme l'équateur est le point commun auquel on la rapporte, on divise la latitude en *boréale* et en *australe*, selon l'hémisphère où est situé le lieu dont on veut parler.

La latitude est donc la *distance d'un lieu à l'équateur*. La plus grande latitude possible est aux pôles ; à l'équateur elle est nulle. La latitude indique seulement sur quel parallèle un lieu se trouve placé ; mais comme les parallèles font le tour du globe, ce serait ne rien savoir que de ne pouvoir indiquer en même temps à quel point d'un parallèle quelconque répond la position de ce même lieu.

Pour éviter cet inconvénient, on choisit un des *méridiens*, qu'on nomme *premier méridien* ou *méridien convenu*; et l'on s'en sert comme d'un point de départ fixe, ainsi qu'on fait de l'équateur. On a vu qu'un méridien quelconque, prolongé de l'autre côté de l'hémisphère, forme un grand cercle qui partage la terre en deux hémisphères, l'un *oriental*, l'autre *occidental* : on suppose chacun de ces hémisphères (qui embrasse 180 degrés) divisé en 180 *méridiens principaux*, dont l'intervalle, égal à un degré, est subdivisé en minutes et secondes. On indique à combien de degrés et de portions de degrés un lieu est situé, soit à l'orient, soit à l'occident du premier méridien : cet intervalle est ce qu'on appelle la *longitude*; on la divise en *orientale* et en *occidentale*, relativement au méridien convenu.

La *longitude* est donc la distance *d'un lieu au méridien convenu ;* elle ne peut excéder 180 degrés, et elle est nulle sur toute l'étendue du méridien convenu. La *longitude*, combinée avec la *latitude*, donne le moyen de fixer exactement la position de tous les lieux dont la longitude est connue. En effet, d'une part, la latitude fait connaître sur quel parallèle un lieu est situé; et de l'autre, au moyen de la longitude, on sait à quelle distance du premier méridien, conséquemment à quel endroit précis de ce parallèle, le point où le parallèle et le méridien se coupent, est évidemment la position cherchée.

On commence à compter les *latitudes* à partir de l'équateur, cercle fixe et déterminé : les *longitudes* ne peuvent être comptées qu'à partir d'un cercle arbitrairement convenu. Aussi les géographes ont varié dans le choix du premier méridien. Par ordonnance de Louis XIII, on avait choisi celui qui passe à l'île de Fer, une des Canaries, groupe d'îles près de la côte d'Afrique ; diverses nations de l'Europe ont renoncé à s'en servir, et quelques-unes prennent pour premier méridien celui qui passe par leur observatoire : les Français prennent celui de Paris ; les Anglais celui de Greenwich, observatoire près de Londres, etc.

Pour se faire une idée juste de la position d'un lieu, il faut donc commencer par savoir de quel méridien on s'est servi pour en indiquer la longitude, et la réduire à la longitude de Paris ; ce qui est facile quand on connaît la différence des deux méridiens. Par exemple, on sait que Greenwich est à 2 degrés 20 minutes environ à l'occident du méridien de Paris ; étant donnée, la longitude de Moscou de 37° 32′ à l'orient de Greenwich, pour la réduire à la longitude de Paris, il faut retrancher 2° 20′ de 37° 32′ ; il reste 35° 12. Au contraire, si le lieu était à l'O. de Greenwich, il faudrait ajouter les 2° 20′. Ainsi ces opérations se réduisent à ajouter ou à retrancher la différence des méridiens.

Les parallèles, ou *cercles de latitude*, deviennent de plus en plus petits à mesure qu'on s'approche des pôles : les méridiens, ou *cercles de longitude*, tracés d'un pôle à l'autre, sont tous à peu près de même longueur; et tous les degrés des méridiens peuvent être considérés comme égaux; car la différence qui résulte de l'aplatissement est trop petite pour qu'on en tienne compte : or, comme les degrés de latitude se comptent sur les méridiens, il est vrai de dire que les degrés du méridien sont tous à peu près égaux.

Il n'en est pas de même des degrés de *longitude*; ils se comptent sur les parallèles. Chaque parallèle, quelque petit qu'il soit, est toujours divisé en 360° : ces degrés deviennent donc de plus en plus petits à mesure qu'on s'approche des pôles; aux pôles mêmes, le parallèle n'est plus qu'un point, dont la latitude est 90 degrés, et la longitude zéro. Ainsi il est également vrai de dire : Les degrés de longitude ne sont degrés de grands cercles qu'à l'équateur; ils vont toujours en diminuant à partir de ce cercle.

DES CLIMATS.

On entend par *Climat* un espace de terre compris entre deux parallèles, à la fin duquel espace les plus longs jours ont une demi-heure ou un mois de plus que dans son commencement. Il faut concevoir les climats comme des bandes couchées les unes à côté des autres, dont la largeur est du midi au nord, et qui dans leur longueur embrassent le tour de la terre d'orient en occident.

En effet, sous l'équateur, les plus longs jours ne sont que de 12 heures; mais ces jours se trouvent de plus en plus longs en différens pays, à mesure qu'on avance de l'équateur vers les cercles polaires, où ils sont de 24 heures, parce que le tropique se voit tout entier sur l'horizon. Depuis les cercles polaires, les jours augmentent, non plus par demi-heures ou par heures, mais d'un mois, de deux mois, etc. selon qu'il y a un signe, deux signes de l'écliptique qui ne se couchent jamais, jusqu'aux pôles où le jour est de six mois.

Il suit de ce que nous venons de dire, qu'il y a deux sortes de climats, les climats d'heures et les climats de mois.

Les jours croissent de 12 heures depuis l'équateur, où ils sont de 12 heures seulement, jusqu'aux cercles polaires où ils sont de 24 heures; ce qui fait 24 climats d'heures de chaque côté, autant qu'il y a de demi-heures depuis 12 jusqu'à 24. Des cercles polaires aux pôles, les jours augmentent depuis 24 heures jusqu'à 6 mois; ce qui fait 6 climats de mois de chaque côté, 60 climats en tout.

Les climats ne sont pas égaux entre eux.

Les climats d'heures sont plus étroits à mesure qu'ils sont plus éloignés de l'équateur; et les climats de mois sont plus larges à mesure qu'ils sont plus éloignés des cercles polaires. En voici la preuve. De l'équateur au cercle polaire, il y a 66° 32′ en latitude, qui renferment les 24 climats d'heures. Si ces climats avaient tous la même largeur, il s'ensuivrait qu'au 33° 16′ qui est le milieu des 66° 32′, on devrait avoir la fin du 12e climat: mais point du tout, nous voyons qu'au 49e degré où est Paris, nous n'avons que la fin du 8e climat, puisque le plus long jour y est à peine de 16 heures. Par conséquent, les 8 premiers climats ont ensemble 49° de largeur, et les 16 derniers n'en ont ensemble que ce qui reste de 49° à 66°-32′, c'est-à-dire 17° 28′,

Il sera aussi aisé de voir que les climats de mois sont plus larges vers les pôles que vers les cercles polaires, si l'on fait attention que depuis le 66° 32' où commence le premier climat du mois, jusqu'au 73° 20', il y a trois climats de mois, et que depuis le 73° 20' jusqu'au 90° où est le pôle, il y a aussi trois climats : ce qui donne 7° environ de largeur pour les trois premiers, et près de 17° de largeur pour les trois derniers.

Pour concevoir la raison générale de ces différences dans la largeur des climats, il faut observer, 1° qu'entre l'équateur et les cercles polaires, les tropiques sont la mesure des plus longs jours, puisque le soleil décrit un des tropiques au solstice d'été ; 2° qu'entre les cercles polaires et chaque pôle, c'est l'écliptique qui est la mesure des plus longs jours, puisqu'il y a une partie de l'écliptique plus ou moins grande qui est toujours sur l'horizon, et que le plus long jour dure autant que le soleil emploie à parcourir cette partie toujours visible de l'écliptique.

Cela posé, on peut s'assurer, à l'inspection du globe, que vers les cercles polaires, un très-léger changement dans l'élévation du pôle suffit pour découvrir ou cacher sous l'horizon une partie considérable du tropique, au lieu que vers l'équateur, il faut un changement assez considérable dans l'élévation du pôle, pour découvrir ou cacher sous l'horizon une petite partie du tropique. On peut faire le même raisonnement pour les climats de mois, en appliquant à l'écliptique et au pôle ce que nous venons de dire du tropique et de l'équateur.

DU GLÓBE ARTIFICIEL.

Avant de faire usage du globe ou de la sphère, il y a quelques observations à faire sur leur construction; mais pour les bien saisir, il faut avoir ces machines sous les yeux.

1° Le Globe terrestre est ordinairement monté sur un seul pied dans lequel sont enclavés quatre quarts de cercles qui soutiennent un grand et large cercle parallèle à la table où est posé le globe: ce grand cercle représente l'horizon, et partage le globe en deux parties, l'une supérieure, l'autre inférieure.

2° Dans cet horizon et sur le haut du pied sont des entailles dans lesquelles se meut un autre grand cercle qui sert de méridien aux lieux qu'on place dessous en faisant tourner le globe sur lui-même.

3° En dedans de ce méridien mobile, tourne le globe sur deux points diamétralement opposés, qui représentent les deux pôles du monde. Sur le même cercle et autour du pôle arctique, est fixé un petit cadran ayant à son centre une aiguille horaire qui tourne avec le globe: on s'en sert communément pour résoudre divers problêmes; mais nous n'en ferons pas usage; nous emploierons une autre méthode qui donne des resultats plus exacts.

4° Sur le globe qui représente, comme on voit, les diverses parties de la terre, sont tracés différens cercles, tels que les deux polaires, les deux tropiques, l'équateur et l'écliptique, tous dans leur situation respective: pour les reconnaître, il suffit d'avoir compris les définitions qu'on en a données.

plus haut. L'écliptique est divisé en degrés, et partagé en ses douze signes qui ont chacun leur marque, et qui occupent chacun 30°. L'équateur est divisé de même en degrés.

5° On voit encore tracés sur le globe des cercles parallèles à l'équateur de 10° en 10° ou de 15° en 15°, et qui se coupent tous aux pôles. Ceux-ci sont les méridiens des lieux sur lesquels ils passent. L'un d'eux est divisé en degrés, c'est le premier méridien.

6° Le premier méridien mobile dans lequel tourne le globe, est divisé en 4 fois 90°, à compter depuis les points où il est coupé par l'équateur jusqu'à chaque pôle. Sur le même méridien, entre l'équateur et le pôle arctique, sont tracés les climats d'heures et de mois dans la largeur qu'ils occupent sur le globe, avec le nombre d'heures ou de mois dont le plus long jour de chaque climat est composé.

7° Sur l'horizon sont tracées plusieurs divisions. La première, c'est-à-dire, la plus proche du bord intérieur, est celle de l'horizon même, en 4 fois 90°, à compter depuis l'est jusqu'à chaque pôle, et aussi depuis l'ouest jusqu'à chaque pôle. La seconde division est celle des 12 signes, chacun de 30°. Cette division répond à une troisième qui est celle des mois et de leurs jours. Les jours des mois et les degrés des signes sont numérotés de 10 en 10; de sorte que d'un coup d'œil on voit à quel mois et à quel jour répond chaque degré des signes du zodiaque. La quatrième division tracée sur l'horizon est celle des points cardinaux et de tous les collatéraux, au nombre de trente-deux, avec leurs noms.

Quant à la sphère, qui diffère peu du globe

nous en avons donné une description suffisante au commencement de ce chapitre.

PROBLÈMES AMUSANS

QUE L'ON PEUT RÉSOUDRE AU MOYEN DE LA SPHÈRE OU DU GLOBE.

Trouver la semaine des trois jeudis.

La solution de ce problème singulier tient à une cause fort naturelle, et dépend de ce principe, savoir : que le soleil n'éclaire que successivement tous les lieux de la terre. Je suppose donc deux voyageurs qui fassent le tour du globe, l'un par l'orient, l'autre par l'occident. Celui qui voyage vers l'orient et qui s'avance à 15° de Lyon, d'où il est parti, compte une heure de plus qu'à Lyon ; parce que, allant au devant du soleil, il le voit une heure plus tôt que nous. En continuant d'avancer ainsi vers l'orient de 15° en 15°, il gagne une heure chaque fois ; de sorte qu'après avoir parcouru les 360°, il se trouve, en arrivant à Lyon, avoir gagné 24 heures : il compte un jour de plus ; il est au vendredi, lorsqu'à Lyon on est encore au jeudi. Celui qui voyage vers l'occident, voit le soleil autant d'heures plus tard qu'il a parcouru de fois 15°. Son voyage fini, il a perdu autant que l'autre a gagné, un jour entier ; il n'est donc qu'au mercredi, lorsque le premier voyageur est au vendredi ; ce qui donne trois jours différens où l'on comptera jeudi ; si l'on suppose les deux voyageurs arrivant dans la même semaine, ce sera véritablement une semaine à trois jeudis. S'ils étaient jumeaux, il se trouverait que l'un aurait vécu deux jours de plus que l'autre.

Trouver l'heure qu'il est à Jérusalem et à Quito, quand il est midi à Lyon.

Le soleil faisant le tour du globe, ou les 360° en 24 heures, doit faire 15° en une heure, et 1 degré en quatre minutes d'heure. Jérusalem est 30° 30' de Lyon; il s'en faudra donc de deux heures deux minutes, qu'il ne soit la même heure à Jérusalem qu'à Lyon. Mais d'ailleurs, Jérusalem étant à l'orient de Lyon, le soleil, dont le cours est d'orient en occident, a dû passer au méridien de Jérusalem avant d'arriver à celui de Lyon; par conséquent, lorsqu'il est midi dans cette dernière ville, il est 2 heures 2 minutes du soir à Jérusalem. Par un raisonnement semblable, Quito étant à 82° 30' à l'ouest de Lyon, on conclura que lorsqu'il est midi à Lyon, il n'est que six heures 30 minutes du matin à Quito.

Le jour et l'heure étant donnés pour un lieu quelconque, trouver tous les lieux où le soleil se lève, ceux où il se couche, ceux où il passe au méridien; le lieu où il est vertical, ceux qui voient l'aurore, ceux qui voient le crépuscule, et ceux qui comptent minuit.

On cherche la déclinaison du soleil, et on la marque sur le méridien de cuivre (1); on élève le pôle nord ou sud, suivant la dénomination de

---

(1) Le méridien de cuivre est un cercle dans lequel tourne le globe artificiel; il est divisé comme tous les corps ronds, en 360 parties égales, appelés degrés. Sur le demi-cercle inférieur du méridien de cuivre, la graduation de 0 à 90°, a lieu depuis les pôles vers l'équateur; elle sert à déterminer l'élévation des pôles au-dessus de l'horizon.

cette déclinaison, d'autant de degrés au-dessus de l'horizon que marque cette même déclinaison; on amène le lieu donné au méridien de cuivre, et on pose l'aiguille du cercle horaire sur douze heures; alors, si le temps donné vient avant midi, on tourne le globe vers l'ouest d'autant d'heures qu'il s'en faut qu'il ne soit midi; mais si le temps exprimé vient après douze heures, on tourne le globe vers l'est, d'un pareil nombre d'heures, et on le maintient dans cette position; tous les lieux qui se trouvent vers le bord occidental de l'horizon, ont le soleil levant, ceux qui sont vers le bord oriental ont le soleil couchant; ceux qui se trouvent sous le méridien de cuivre au-dessus de l'horizon, comptent midi; le lieu que l'on voit sous le degré qui marque la déclinaison du soleil sur le méridien de cuivre, a le soleil vertical; tous les lieux au-dessous du bord occidental de l'horizon, de 18° environ, voient l'aurore; ceux qui sont d'un pareil nombre de degrés sous le bord oriental de l'horizon, voient le crépuscule; tous les lieux qui sont sous le méridien de cuivre et sous l'horizon, comptent minuit; enfin ceux qui sont au-dessous de ce grand cercle, ont la nuit ou le crépuscule. Ainsi, par exemple, quand il est quatre heures 52 minutes du matin à Londres, le 5 mars, on trouve la déclinaison du soleil de 6° 1/4 sud; par conséquent, on élève le pôle sud de 6° 1/4 au-dessus de l'horizon. Le temps donné étant 7 heures 8 minutes avant midi, on tourne le globe vers l'ouest jusqu'à ce que l'aiguille du cadran ait parcouru ces nombres, et on maintient le globe dans cette position.

On trouve alors que le soleil se lève à la partie occidentale de la mer Blanche, Pétersbourg, la Morée, etc.

Il se couche à la partie orientale de Kamtschatka, l'île Jesso, l'île Palmerton, etc., entre les îles des Amis et de la Société.

Il est midi pour le lac Baykal, la Cochinchine, Camboye, les îles de la Sonde, etc.

Le *soleil est vertical* à Batavia, à peu près.

L'*aurore* se voit en Suède, une partie de l'Allemagne, la partie méridionale de l'Italie, la Sicile, la côte occidentale de l'Afrique, le long de l'océan éthiopien.

Le *crépuscule* se voit à l'extrémité nord-ouest de l'Amérique septentrionale, les îles Sandwich, les îles de la Société, etc.

On compte minuit au Labrador, à New-York, à la partie occidentale de Saint-Domingue, au Chili, et à la côte occidentale de l'Amérique méridionale.

Il fait jour dans la partie orientale de la Russie-d'Europe, en Turquie, en Egypte, au Cap de Bonne-Espérance, dans toute la partie orientale de l'Afrique, et dans presque toute l'Asie.

Il fait nuit dans les deux Amériques, dans la partie occidentale de l'Afrique, l'Espagne, le Portugal, la France et l'Angleterre.

Quand il est minuit en un lieu quelconque dans les zônes torrides et tempérées, trouver la hauteur solaire pour un lieu quelconque de zône glaciale septentrionale, sur le même méridien, où le soleil ne descend pas sous l'horizon.

Il faut d'abord chercher la déclinaison du soleil pour le jour donné; on élève ensuite le pôle proportionnellement à cette déclinaison; on amène le lieu de la zône glaciale vers le limbe du méridien de cuivre qui est gradué du pôle vers l'équateur, et le nombre des degrés comptés entre ce lieu et l'horizon, indiquera la hauteur solaire.

On y parvient encore en élevant le pôle nord d'un nombre de degrés égal à la latitude du lieu donné dans la zône glaciale; on amène le lieu du soleil dans l'écliptique sous le méridien de cuivre, et on pose l'aiguille sur douze heures; on tourne le globe jusqu'à ce que cette aiguille arrive au chiffre 12 qui est opposé au premier, et le nombre de degrés compris entre le lieu du soleil et l'horizon, comptés sur le méridien de cuivre vers la partie nord de l'horizon, donnera la hauteur du soleil. Ainsi, par exemple, si l'on cherche la hauteur du soleil au cap nord lorsqu'il est minuit à Alexandrie, on trouvera que cette hauteur est de cinq degrés.

CHAPITRE V.

DE LA TERRE.

Forme et dimension du la Terre. — Mouvemens de la terre. — Mouvement de rotation. — Mouvement de translation. — Mouvement autour du foyer ou centre des masses de la Terre et de la lune. — Mouvement des points de l'aphélie et du périhélie autour de l'écliptique. — Remarques curieuses sur ce quatrième mouvement. — Diminution progressive de l'angle de vingt-trois dégrés et demi que fait l'axe de la trre avec la ligne perpendiculaire au plan de l'orbite. — Précession des équinoxes. — Libration de l'axe de la terre. — De l'atmosphère. — Origine et formation de la terre. — Remarques et observations curieuses. — De l'attraction. — Division naturelle du globe. — Causes du froid et de la chaleur. — Pourquoi la terre est aplatie vers les pôles. — La terre sera-t-elle toujours habitable? — Faits et anecdotes historiques.

FORME ET DIMENSION DE LA TERRE.

La terre a la forme d'un globe : il n'en faut pas d'autre preuve que les éclipses ; où son ombre paraît toujours circulaire sur le disque de la lune. Pour connaître la grosseur du globe terrestre, on a observé qu'à midi le soleil était d'un degré plus bas à Amiens qu'à Paris, d'où l'on a conclu que la terre avait un degré de courbure depuis Paris jusqu'à Amiens. Or cette distance mesurée du midi au nord, s'est trouvée de 25 lieues, chacune de 2283 toises, d'où il suit que la circonférence entière ou le tour de la terre est de 9000 lieues, car 25 fois 360 font 9000.

La surface de la terre est de 26 millions de lieues carrées, son volume est de 12 milliards 400 millions de lieues cubes; enfin son poids serait exprimé par le nombre de 444 suivi de 22 zéros.

MOUVEMENS DE LA TERRE.

Ainsi que nous l'avons dit, la terre a deux principaux mouvemens, l'un de rotation, l'autre de translation. Ce double mouvement peut être comparé à celui d'une roue de voiture qui, tout en avançant sur une ligne, fait néanmoins tourner toutes ses parties sur elles-mêmes. Du premier de ces mouvemens proviennent les jours et les nuits, et du second les saisons et leurs vicissitudes : c'est à ces deux mouvemens qu'est due la force nommée *centripède;* force qui soutient la masse entière et qui fait tomber les corps vers le centre. Il est aisé de comprendre qu'un corps qui tourne ainsi doit être sphérique, et c'est effectivement la forme de la terre, ainsi que le prouvent non-seulement les éclipses, comme nous l'avons dit tout-à-l'heure, mais un grand nombre d'autres observations. Par exemple, deux vaisseaux qui se rencontrent en mer prouvent la même vérité; car ici, tandis que l'on découvre les parties supérieures de la mâture, le corps des navires se trouve caché par la convexité du globe qui s'élève entre les deux. Le cas est le même pour deux hommes qui s'approchent sur une hauteur par des côtés opposés ; la tête se découvre d'abord, et en continuant de monter, toutes les parties du corps se présentent successivement. Il n'est pourtant pas rigoureusement vrai de dire que la terre est une sphère ; elle est un peu aplatie aux pôles. Cet aplatissement est d'un trois cent cinquième du rayon, c'est-à-dire que le rayon mené du centre de la terre aux pôles, est plus petit d'un trois cent cinquième que celui mené du centre à un point de l'équateur. Nous dirons plus loin quelle est la cause de cet aplatissement.

Indépendamment de ses deux principaux mouvemens, la terre en a cinq autres, dont nous parlerons.

MOUVEMENT DE ROTATION.

Le temps de cette rotation est ce qu'on appelle un *jour*. Cet espace de temps a été divisé en vingt-quatre parties égales appelées heures. Chaque heure elle-même a été divisée en soixante minutes, et chaque minute en soixante secondes. On conçoit que, pendant ce mouvement de rotation, la terre doit présenter au soleil, qui reste à peu près fixe, tantôt un de ses *hémisphères* (la moitié de la surface), tantôt l'autre : de là vient que nous sommes éclairés une partie du temps, et l'autre partie dans l'obscurité. Pendant que nous sommes éclairés, nos *antipodes* (ceux qui habitent la partie de la terre qui nous est opposée) ont la nuit ; quand ils ont le jour, nous avons la nuit.

Le cercle équatorial ayant à peu près 9,000 lieues de tour, ainsi que nous l'avons dit, et la terre le parcourant en 24 heures, il en résulte que l'espace parcouru par un point dans une minute pendant ce mouvement de rotation est de six lieues un quart. Mais les cercles de latitude devenant de plus en plus petits, à mesure que l'on approche des pôles, on conçoit que cette vitesse doit aller en diminuant à mesure qu'on s'éloigne de l'équateur, et être nulle aux pôles mêmes.

MOUVEMENT DE TRANSLATION.

Par ce mouvement, la terre tourne autour du soleil, en suivant une ligne qui a la forme d'un ovale et qu'on appelle orbite terrestre ou *écliptique*. Cette courbe que parcourt la terre dans l'espace d'une année, est une ellipse dont le soleil occupe un des foyers. La terre ne la parcourt pas partout avec une égale vitesse, et cela se conçoit, puisque la courbure de la courbe n'est pas partout la même. Mais la vitesse étant l'espace parcouru dans une unité de temps fixe, on concevra combien elle doit être grande, lorsqu'on saura que l'étendue de l'orbite terrestre est de deux cent dix millions de lieues, que la terre doit parcourir dans l'espace d'une année, ou trois cent soixante-cinq jours six heures. Le calcul montre que cette vitesse moyenne est de quatre cent douze lieues par minute. Deux points remarquables de l'orbite terrestre sont ceux où la terre est le plus loin et le plus près du soleil; on les appelle, le premier, l'*aphélie*; le deuxième, le *périhélie*.

Le plan suivant lequel la terre tourne sur elle-même (le plan équatorial) n'est pas perpendiculaire sur le plan écliptique, mais un peu incliné sur lui. Ce plan reste cependant toujours parallèle à lui-même pendant le mouvement de translation.

MOUVEMENT AUTOUR DU FOYER

OU CENTRE DES MASSES DE LA TERRE ET DE LA LUNE.

C'est ce mouvement qui est la cause de l'élévation des eaux de la terre vers ce foyer, tandis que le mouvement de rotation simultané fait passer successivement les méridiens vis-à-vis de ce foyer; il est aussi la cause de la progression des eaux accumulées de l'orient à l'occident, phénomène désigné sous le nom de marées.

MOUVEMENT DES POINTS

DE L'APHÉLIE ET DU PÉRIHÉLIE AUTOUR DE L'ÉCLIPTIQUE.

Par ce mouvement qui s'accomplit en 21,000 ans environ, le soleil se trouve être successivement vertical, au-dessus des différentes latitudes tropiques, lorsque la terre est à la plus grande ou à la plus petite distance du soleil, affectant par là beaucoup plus de latitude, et au-dessus desquelles cet astre est vertical lorsque la terre est dans son périhélie. Le mouvement de la ligne des absides est direct, c'est-à-dire que le périgée et l'apogée terrestres tournent dans l'ordre des signes, et décrivent environ 11 secondes par an. La longitude de ce point change donc, non seulement de ces 11 secondes, que les astronomes attribuent à l'action de Jupiter et de Vénus sur la Terre; mais encore d'environ 50 secondes en vertu de la précession, ce qui fait environ 61 secondes par an.

REMARQUES CURIEUSES

SUR CE QUATRIÈME MOUVEMENT.

Ainsi en calculant ce mouvement, on trouve que la terre, en 1,248, arrivait très-près du périgée le jour même du solstice d'hiver, et l'on peu conclure de là que la durée des saisons est variable, et que, par la suite des siècles, elles se transformeront en une seule saison uniforme.

DIMINUTION PROGRESSIVE

DE L'ANGLE DE VINGT-TROIS DEGRÉS ET DEMI QUE FAIT L'AXE DE LA TERRE AVEC LA LIGNE PERPENDICULAIRE AU PLAN DE L'ORBITE.

Ce mouvement qui est d'environ cinquante deux minutes par siècle, a pour effet de rapprocher les tropiques, qui, selon toutes les probabilités, étaient autrefois beaucoup plus éloignés l'un de l'autre, de sorte qu'à en juger par les apparences, l'écliptique pourrait par la suite des siècles, et la zône torride, disparaître ; mais des calculs géométriques prouvent, qu'après avoir diminué pendant un certain nombre de siècles, il doit augmenter dans la même proportion.

PRÉCESSION DES ÉQUINOXES.

Nous avons déjà parlé de ce mouvement d'après lequel l'année tropique, ou le temps du retour au même équinoxe, est moins longue que l'année sidérale ou le temps du retour de la terre à la même étoile. Ce mouvement, que l'on nomme précession des équinoxes, est le résultat de la rotation de la terre combinée avec l'attraction qu'éprouve son excès de sphéricité. C'est ce qui fait, ainsi que nous l'avons dit en parlant du zodiaque, que l'équinoxe du printemps qui était dans le signe du bélier au temps d'Hipparque, se trouve maintenant dans le signe des poissons, et sort près du verseau; il

Vue du Mont blanc.

parcourra ainsi successivement tous les signes, et après une révolution d'environ 26,000 ans, il se retrouvera au bélier; ainsi la révolution de la terre qui s'accomplit en un an relativement au soleil, est de 26,000 ans pour les étoiles.

LIBRATION DE L'AXE DE LA TERRE.

Cette libration qui se fait tantôt en avant, tantôt en arrière, n'a pas d'effet sensible; c'est un mouvement causé par la différence qui existe dans la direction des forces du soleil, de la lune et de la terre, dans les plans où ces forces sont dirigées.

DE L'ATMOSPHÈRE.

La terre est environnée jusqu'à une distance de 18 à 20 lieues, d'une masse de fluide élastique auquel on a donné le nom d'atmosphère; c'est ce que l'on appelle communément l'*air*. Cependant on peut diviser les fluides qui entourent le globe en trois classes: l'*air*, proprement dit, les *vapeurs* et les *fluides aériformes*. Les phénomènes qui naissent dans l'atmosphère, se nomment météores; nous nous en occuperons spécialement plus loin, dans notre Traité de Météorologie.

L'air atmosphérique sec, observé au bord de la mer à la température de la glace fondante, est 770 fois moindre que celui de l'eau; ainsi un litre d'air pèse 1 gramme 3 dixième, ou 24 grains; le poids d'une colonne d'air, depuis les extrémités de l'atmosphère jusqu'à la mer, est égal à une colonne d'eau, de même épaisseur, et haute d'environ 32 pieds, ou à une colonne de mercure haute de 28 pouces ou environ 762 millimètres. On s'en assure au moyen d'un tube de verre que l'on remplit de mercure, en fermant avec le doigt une de ses ouvertures ; on le renverse ensuite : le mercure descend, mais s'arrête à la hauteur de 28 pouces, parce que le poids de la colonne d'air qui pèse sur l'ouverture inférieure, fait équilibre au poids de la colonne de mercure. Cette expérience, faite pour la première fois en 1643, par le Florentin Torricelli, élève de Galilée, a conduit à l'invention du baromètre, qui sert à mesurer les variations dans la pesanteur de l'atmosphère. Quand on s'élève sur une montagne, la longeur de la colonne d'air, et conséquemment son poids, diminue ; elle pèse moins sur l'ouverture, et le mercure descend à 27 pouces, à 26, 25, etc., selon la hauteur à laquelle on parvient. Près des côtes il descend d'une ligne par 78 pieds. L'application de ce principe est un des moyens qu'on emploie pour connaître la hauteur des montagnes ; mais on ne peut obtenir un résultat exact, si l'on ne combine avec l'indication du baromètre, plusieurs autres élémens, parce que la densité et la température de l'air ne sont pas les mêmes à toutes les hauteurs.

En effet, l'air est compressible et élastique, c'est-à-dire qu'il peut occuper moins ou plus de place, selon qu'il est pressé ou abandonné à lui-même ; or, les couches inférieures de l'atmosphère, étant pressées par les supérieures, doivent être plus denses et plus lourdes ; à mesure qu'on s'élève, elles deviennent plus légères ; aussi, pour que la hauteur du baromètre varie d'une même quantité, il faut se déplacer d'autant plus qu'on est arrivé plus haut. Cette différence de densité dans les couches atmosphériques est une des principales causes du froid qu'on éprouve à de grandes hauteurs ; l'air, y étant plus rare, laisse passer les rayons du soleil, sans s'échauffer sensiblement. En effet, on a observé que la température décroît à mesure qu'on s'élève. En été, le thermomètre baisse d'un degré (centésimal) pour 230 mètres; en hiver, d'un degré pour 160 mètres. On conçoit d'après cela qu'il arrive un point où la température est à glace. Voilà pourquoi les montagnes les plus élevées sont couvertes, même à l'équateur, de neiges et de glaces (appelées *glaciers*), qui ne ſondent jamais quand elles dépassent une certaine hauteur. La limite des neiges perpetuelles s'abaisse en raison de l'augmentation de latidude. A l'équateur, cette limite est élevée de 2,400 toises environ; à 30°, elle est de 1,900 toises; à 38°, de 1,700; à 42°, de 1,500 ou 1,600; à 45°, de 1,400; à 60°, de 850; à 72°, de 300 toises environ.

L'atmosphère ſait éprouver une déviation aux rayons solaires; ces rayons, brisés et écartés de la route directe, nous arrivent lorsque le soleil n'est pas encore au-dessus, ou lorsqu'il est déjà au-dessous de l'horizon, il en résulte une augmentation accidentelle du jour, qu'on appelle *aurore* et *crépuscule*. C'est par la durée de cette augmentation qu'on a pu savoir que la hauteur totale de l'atmosphère n'excède pas 18 ou 20 lieues.

C'est également à la réfraction des rayons lumineux que sont dus divers phénomènes, tels que les *parélies*, qui nous ſont voir plusieurs soleils à côté et souvent au-dessus et au-dessous de cet astre; les *parasélènes ou fausses lunes*, phénomène analogue au premier; *l'arc-en-ciel*, formé par les rayons du soleil décomposés ou réfractés et réfléchis par les gouttes de pluie qui tombent; enfin le phénomène appellé *mirage*, qui consiste en ce que sur la mer ou dans une vaste plaine parfaitement unie, comme celles de l'Egypte, on aperçoit deux images du même objet, dont l'une est renversée par la réflexion des rayons lumineux.

Les molécules de l'air, ébranlées par les vibrations des corps sonores, communiquent de proche en proche à l'organe de l'ouïe, l'ébranlement qu'elles ont reçu : c'est ce qui constitue le *son*. Des observations récentes prouvent qu'à la température de 9° du thermomètre de Réaumur, le son parcourt 173 toises ou 337 mètres par seconde.

ORIGINE ET FORMATION DE LA TERRE.

Il est probable que, à une époque très-reculée, le globe terrestre éprouva un degré de chaleur si extraordinaire, que toutes les matières qui le composent actuellement passèrent à l'état de gaz, tellement que notre planète (la Terre) offrait un immense volume de vapeurs. La cause qui avait fondu toutes ces matières, ayant cessé, l'action du refroidissement dut commencer ; car il est de la nature de la chaleur d'abandonner les corps qui en sont imbibés quand ces derniers sont environnés d'un espace vide ou de corps plus froids qu'eux ; et parmi les corps il y en a qui se refroidissent en moins de temps que d'autres ou qui passent plus promptement de l'état de gaz à l'état de liquide, et de l'état de liquide à l'état solide.

Il arriva donc que les minéraux, comme les métaux, les granites, les cailloux, etc., qui exigent un grand degré de chaleur pour rester à l'état liquide (fondus), et un bien plus grand encore pour se soutenir à l'état de gaz, passèrent les premiers à l'état liquide, et formèrent un noyau de matières incandescentes environné d'une couche de matières à l'état de gaz, telles que l'eau, les principes de l'air que nous respirons, etc., parce que l'eau, par exemple, passe à l'état de gaz ou de vapeur à un degré de chaleur bien inférieur à celui qui est nécessaire pour fondre un corps quelconque qui est ordinairement à l'état solide.

Par l'effet du refroidissement qui agissait toujours, les matières liquides qui se trouvaient à la surface du noyau central passèrent, à une certaine époque, de l'état liquide à l'état solide ; de même que l'eau contenue dans un baquet gèle à la surface et contre les parois (les côtés) du vase, pendant que celle qui occupe le centre de la masse ou du bassin se maintient encore long-temps après à l'état liquide.

Il se forma donc une croûte solide qui enveloppa la masse des matières à l'état liquide, comme la coquille d'un œuf en contient le blanc et le jaune. Cette croûte solide augmenta d'épaisseur par la suite des temps, et il arriva enfin une époque où la température fut assez basse (froide), pour que les vapeurs d'eau qui enveloppaient la croûte solide, tombassent dessus en pluies ; telle fut l'origine des mers.

L'air et les autres gaz qui ne peuvent passer à l'état liquide que par un froid excessif, continuèrent à former une enveloppe de vapeur autour de la masse des liquides et des solides ; c'est cette enveloppe dont nous venons de parler et que l'on nomme atmosphère.

Il est évident que, dès le commencement de sa formation, la croûte solide dut avoir bien peu d'épaisseur, qu'elle était portée et nageait sur le noyau de matières fondues, comme une mince pellicule. A cette époque, la surface du globe était unie, sans collines ni montagnes, et tout porte à croire que les eaux de la mer couvrirent d'abord tout l'univers : la *Genèse* le dit positivement, et plusieurs poètes de l'antiquité, tels que Virgile, Ovide, ont émis cette opinion.

La croûte solide ayant, par le refroidissement des matières qui étaient immédiatement au-dessous d'elle, pris plus d'épaisseur, de consistance, les matières qui formaient le noyau du globe furent contrariées dans leurs mouvemens, leurs fermentations ; cependant l'enveloppe solide dut céder ; il en résulta des déchiremens, des boursouflures qui s'élevèrent au-dessus des eaux et produisirent des continens, des îles, etc. Cette lutte, s'il est permis de parler ainsi, entre la croûte solide et les matières fondues de l'intérieur du globe, dut se renouveler pendant une longue suite de siècles, et elle dure encore.

Ces suppositions ne sont pas absurdes, et, par leur moyen, on donne des raisons satisfaisantes de la destruction subite de certaines races d'animaux, la formation des bancs de pierre, etc., qui les ont enveloppés et qui en ont conservé les débris jusqu'à nos jours ; figurez-vous par exemple que le sol de Paris, couvert d'abord par la mer, fut soulevé par un mouvement quelconque des matières liquides qui étaient dessous ; la Terre, se trouvant environnée d'air et recevant toutes les influences de l'atmosphère et de la lumière des cieux, se couvrit de végétaux ; le Créateur y suscita des animaux constitués de manière qu'ils purent vivre et se multiplier sur cette Terre.

Au bout d'un laps de temps dont il nous est impossible d'évaluer la durée, une autre catastrophe, agissant en sens contraire, inonda le terrain ; tous les animaux qui se trouvaient dessus furent noyés ; leurs cadavres, enveloppés par les matières que la mer charria dessus, se sont conservés jusqu'à présent, attendu que leurs enveloppes ont acquis la dureté et la consistance de la pierre.

REMARQUES ET OBSERVATIONS CURIEUSES.

L'aspect de la surface de la Terre hérissée de collines, de montagnes, offrant, dans un très-grand nombre de contrées, des déchiremens, des bancs de pierre, des rochers mêmes, rompus et séparés avec violence; des végétaux pétrifiés, des poissons, des reptiles, des oiseaux, etc., ensevelis dans un bloc de marbre, de pierres dures, etc.; ces monumens prouvent évidemment que la terre porte dans son sein une cause puissante de perturbation et de bouleversement. Nous ne disons rien ici des tremblemens de terre, des volcans, etc.; il en sera question plus bas. Les expériences des physiciens modernes démontrent que très-probablement la température de l'intérieur du globe est assez élevée pour fondre toutes les matières qui entrent dans sa composition.

En effet, lorsqu'on descend dans une mine profonde, on observe d'abord que le thermomètre qu'on porte avec soi marque des températures de plus en plus basses jusqu'à ce qu'on soit arrivé à la profondeur de cent pieds environ; en toute saison, et en quel temps qu'il fasse, la température est invariable à cette profondeur.

Mais si l'on continue à descendre, on observe, qu'à partir de ce point, le thermomètre monte d'un degré pour vingt à trente mètres de chemin parcouru. Cet accroissement de température n'est pas le même dans tous les pays ; ici, il est plus rapide ; là, il faut descendre de quelques mètres de plus pour que la colonne thermométrique s'élève à une même hauteur.

Admettons pour terme moyen qu'il faille descendre verticalement à vingt-cinq mètres pour que la température monte d'un degré centésimal : il nous sera facile de calculer à quelle profondeur on doit trouver la chaleur de l'eau bouillante : supposons qu'au point de départ le thermomètre marque six degrés de chaleur, vingt-cinq mètres plus bas il marquera 7° ; vingt-cinq mètres plus bas encore il marquera 8°, etc.

De sorte qu'à la profondeur de quatre-vingt-quatorze fois vingt-cinq mètres, ou de deux mille trois cent cinquante mètres, on doit trouver la température de l'eau bouillante, qui répond au centième degré au-dessus de 0° de l'échelle. A ce nombre deux mille trois cent cinquante, il faut ajouter environ trente mètres, ou la profondeur à laquelle, en partant du sol, on trouve la température invariable ; ainsi donc le fond d'un puits de deux mille trois cent quatre-vingt mètres (une demi-lieue) de profondeur donnerait de l'eau bouillante.

Il est très-probable qu'à une profondeur de vingt-cinq à trente lieues la chaleur est assez forte pour tenir en fusion toutes les matières qui entrent dans la composition du globe, d'où il faut conclure que la croûte solide qui soutient les mers, les monts, les empires et les cités, n'a pas beaucoup plus de vingt lieues d'épaisseur.

Le diamètre du globe est de deux mille huit cent soixante-trois lieues. Divisant deux mille huit cent soixante-trois par vingt, on a cent quarante-quatre à peu près pour résultat; ce qui nous apprend que l'épaisseur de la croûte solide de la terre n'est que la cent quarante-quatrième partie de son diamètre. Soit maintenant un globe d'un pied de diamètre : pour représenter sur cette boule la croûte solide de la terre, il faudrait l'envelopper d'une couche de carton ayant une ligne d'épaisseur, ou, ce qui revient au même, si le globe terrestre n'avait qu'un pied de diamètre, la croûte solide aurait une ligne d'épaisseur.

Les débris organiques les plus anciens, et que l'on trouve dans les couches les plus profondes, appartiennent à la classe des *polypiers*, etc.; le genre des végétaux contemporains est plus difficile à déterminer, attendu que les organes de la végétation avaient disparus dans ceux que l'on a rencontrés : on présume néanmoins que les premiers végétaux avaient des rapports avec les roseaux et les fougères.

Dans les couches qui viennent ensuite, on trouve une quantité prodigieuse de végétaux appartenant au genre aquatique; on croit, avec quelque fondement, que les immenses dépôts de houille, dont on exploite quelques-uns depuis un temps considérable, tirent leur origine de ces amas extraordinaires de végétaux.

Telle était à cette époque la vigueur de la végétation, due assurément à la chaleur qui émanait de l'intérieur de la terre, qu'on trouve dans les mines des débris de fougères qui avaient de soixante à quatre-vingts pieds de haut au-dessus du sol qui les nourrissait.

Il ne faut pas oublier que tout ce que nous venons de dire sur l'intérieur de la terre n'est que conjectural ; les recherches n'ayant été faites qu'à une très-petite profondeur. La mine la plus profonde est celle de Cotterberg en Hongrie, et cependant elle n'a pas plus de trois mille pieds ; cette quantité est presque nulle quand on la compare au diamètre de la terre. Voici maintenant des choses positives, relativement à la place que la Terre occupe parmi les planètes.

La Terre rapprochée du Soleil, et mise, par exemple, à la place de Mercure, eût éprouvé des chaleurs capables de dessécher l'océan et de fondre jusqu'aux métaux ; à la place de Saturne ou d'Uranus, elle eût été couverte de glaces éternelles. Privée de la Lune, toutes ses nuits eussent été noires et profondes. Dénuée de son atmosphère, c'est-à-dire de l'air qui l'environne, elle n'eût pas joui du spectacle ravissant de l'aurore et du crépuscule ; elle eût passé en un instant, des ténèbres de la nuit, à l'éclat du grand jour, et de la lumière la plus vive, à l'obscurité la plus épaisse ; le voyageur en retard se serait trouvé surpris tout à coup par la nuit au milieu des campagnes. Plus voisines de la Terre, les étoiles et les planètes auraient, par la réunion de tant de feux, changé toutes ses units en jours, et troublé le repos de la nature ; plus éloignées, elles n'eussent point été aperçues, et le pilote errant sur les mers, eût manqué d'un signe pour guider son vaisseau dans les ténèbres. La physique nous démontre que la Terre est attirée vers le Soleil, précisément comme une pierre est attirée vers le centre de la Terre : si donc le mouvement de la Terre venait à se ralentir, elle se rapprocherait du Soleil, et finirait par s'y précipiter ; si au contraire le Soleil cessait de l'attirer, ou que quelqu'autre cause accélérât sa marche, elle s'échapperait de son orbite, comme une pierre s'échappe de la fronde, et irait se perdre à une distance infinie de l'astre qui l'éclaire et l'échauffe de ses rayons. De même, un peu moins de régularité dans la marche des planètes et des comètes, un peu moins de variété dans leurs distances, elles pourraient se rencontrer, se choquer, se briser les unes contre les autres. Quelle est donc la main qui les a lancées, et qui les dirige avec tant de justesse depuis 6000 ans?

DE L'ATTRACTION.

Nous avons déjà parlé de cette admirable découverte de Newton, qui, attribuant à la matière un principe inné d'attraction, fut conduit à établir que toute matière en attire une autre à distance égale, en proportion des proportions respectives. Il suit de là que les planètes, et par conséquent la Terre, les Comètes et les Satellites sont assujétis à la même loi de gravité vers le Soleil. Quelque séduisante que soit cette doctrine, il faut pourtant reconnaître qu'un auteur anglais lui a porté, dans ces derniers temps, un coup terrible. Sir Philipps, dans ses essais et ses dialogues sur les causes prochaines des phénomènes de l'Univers, remarque que Newton imagina et s'appropria le principe généralement adopté de l'attraction innée, comme une force centrale spécifique; qu'alors il inventa une autre force pour le constater, laquelle seconde force il considère comme agissant sur les planètes simultanément de l'angle droit à l'autre, et lui donne le nom de force projectile. Il adopta ces deux forces comme existant réellement dans la nature; et pour donner à la dernière une durée perpétuelle, il conçut que l'espace était un vide. Mais Philipps nie l'existence d'une force se dirigeant au centre, et conséquemment, la force projectile et le vide ne sont plus nécessaires. Newton inféra de la chute d'une pomme, l'existence d'une force centripède de gravitation dans la Terre, et prétendit que la même force s'étendait à la Lune; et par analogie, qu'une seule semblable force existait dans le Soleil qui attirait toutes les planètes. Sir Philipps prouve que la chute de la pomme est due à la double motion de la Terre; ou bien à l'effet local d'une cause locale, que les parties de toutes les planètes se tiennent ensemble sur leur double motion, et que les forces de la Terre sur la Lune et celle du Soleil sur les planètes sont transmises au moyen du mouvement de l'espace dont le rayonnement est en sens inverse du quarré des distances; tandis que la réaction proportionnée à la quantité de matière de chaque planète détermine leur orbite.

Il attaque l'idée de l'attraction des corps comme une grande absurdité radicale; parce qu'un corps ne peut se mouvoir que dans la direction dans laquelle il est poussé, et quand deux corps s'approchent, aucun des deux ne se trouve du côté d'où l'impulsion a eu lieu. Ainsi la Terre ne peut pas attirer la Lune, parce que l'impulsion doit procéder du côté opposé de la Lune *où la Terre n'est pas*; et il en est de même à l'égard de tous les cas d'attraction, soit pour les grands corps, soit pour les petits.

Quant au mouvement des planètes dans leur orbite, Newton l'attribue à une force projectile en droite ligne qui leur a été imprimée lors de leur création, de laquelle ligne ils déclinent dans des orbites particuliers par la force de gravitation vers le Soleil ; et pour que cette force projectile ne puisse être diminuée par la résistance, il suppose que l'espace dans lequel se meuvent les planètes est vide ou privé de moyens de résistance.

D'un autre côté, sir Phillips considère l'espace rempli d'un milieu gazeux capable de rayonner une force imprimée dans une partie à une autre partie, et il décrit les mouvemens planétaires comme une suite de la rotation du Soleil autour du centre mécanique du système agissant à travers le medium ; il est de fait que le Soleil se meut autour du centre des masses dont se compose le système solaire.

Il résulte de là, dit sir Phillips, que les phénomènes sont représentés comme le résultat d'un système de *mouvement* transmettant mouvement, ou de *mouvement* produit par le *mouvement*. Par ce moyen, une pierre est poussée vers une planète par le mouvement de la planète, une planète est mue autour du Soleil par les mouvemens du Soleil ; un corps secondaire est mu autour des primaires par les mouvemens réunis du Soleil et du primaire, et les mouvemens du Soleil sont peut-être causés par d'autres mouvemens supérieurs. En un mot, dit Phillips, la nature consiste en une série de mouvemens inclusifs produits par les mouvemens des corps et du système supérieur ; depuis les particules du gaz, dont un mille n'égale pas un grain de sable, jusqu'aux planètes, au Soleil et au système du Soleil, et de là jusqu'au premier point de la série, jusqu'à la cause impénétrable des causes, *Dieu*.

Le pouvoir qui met un corps en mouvement, s'appelle force. Les lois de la force sont les mêmes, soit qu'on admette le système de l'attraction, soit qu'on adopte le système du mouvement rayonnant; la force est en sens inverse des quarrés de la distance et la réaction *répond directement* à la quantité de la matière.

Les lois primitives du mouvement imaginées par Descartes et adoptées par Newton sont : 1° Que tout corps persévère dans son mouvement uniforme, jusqu'à ce qu'il soit contraint par quelque force extrême de changer d'état; 2° que le changement de mouvement est toujours proportionné à la force motrice d'où il provient, et qu'il a lieu dans la ligne de direction dans laquelle cette force est imprimée; 3° que l'action et la réaction sont toujours égales et contraires.

Sir Philipps ne nie pas ces vérités; mais il y ajoute : 1° Que tout mouvement, force et puissance dans la nature, est une quantité de matière multipliée par la volonté; 2° que toute force propagée dans un milieu fluide ou gazeux, est en sens inverse du carré des distances; 3° que la même quantité de force existe toujours dans la nature, mais qu'elle est dans un état continuel de transition aux atômes et masses, produisant toutes sortes de phénomènes.

Entre ces deux systêmes, nous n'osons nous prononcer, et nous laissons au temps et au génie le soin de guider vers le vrai les générations futures.

DIVISION NATURELLE DU GLOBE.

La Terre se trouve divisée d'un pôle à l'autre, en deux bandes de terre solide et deux mers. La première bande qui est la principale, compose l'ancien continent ; sa plus grande longueur comprend une ligne qui commence à la pointe orientale de la grande Tartarie, passe par le golfe de Linchidolin, Tobolsk, la mer Caspienne, la Mecque, l'Afrique septentrionale, le Monomotapa et le cap de Bonne-Espérance. Cette ligne, qui est d'environ 3,600 lieues, n'est interrompue que par la mer Caspienne, et divise l'ancien continent en deux parties presque égales. L'autre bande constitue le nouveau continent dont la plus grande longueur peut être prise depuis l'extrémité du pays des Patagons jusqu'aux lacs du Haut-Canada. Cette seconde ligne n'est interrompue que par le Golfe du Mexique ; sa longueur est d'environ 2,500 lieues, et elle divise l'Amérique en deux parties égales.

Les trois quarts de notre globe sont couverts d'eau ; c'est ce que l'on démontre aisément en découpant un globe artificiel fait dans de justes proportions ; on trouve alors que les parties marines pèsent 349, tandis que celles de la terre ne pèsent que 124.

CAUSE DU FROID ET DE LA CHALEUR.

Quoique la Terre ne soit pas toujours à la même distance du Soleil, il ne faut pas croire que ce soit cette différence d'éloignement qui nous donne l'hiver et l'été.

C'est précisément à la fin de décembre, que la Terre est le plus près du Soleil, tandis qu'au mois de juin, elle en est de 1200 mille lieues plus éloignée. En tout temps, les hautes montagnes en sont plus voisines que les plaines ; et cependant, si l'on y monte, au fort même de l'été, on y trouve des glaces que les rayons du soleil ne fondront jamais : que de là, on descende dans les vallées, on y éprouve des chaleurs quelquefois étouffantes. Ce qui fait le chaud et le froid, ce n'est donc pas seulement le plus ou moins de proximité du Soleil; c'est 1° le temps plus ou moins long qu'il passe sur l'horizon; 2° son plus ou moins d'élévation; 3° la réunion ou la disposition de ses rayons qui se concentrent et se réfléchissent dans les plaines et plus encore dans les vallées étroites; tandis que sur les lieux élevés, sur les pointes des montagnes, n'ayant rien qui les retienne, ils s'écartent et se dissipent de toutes parts.

Le froid, que quelques auteurs ont considéré comme un agent particulier, n'est que la diminution de la chaleur, et par conséquent un être de raison ou d'abstraction. Il n'y a pas, pour notre atmosphère, du froid absolu : ses degrès suivent la diminution du calorique, diminution à laquelle on n'a pu encore assigner de terme.

POURQUOI LA TERRE EST APLATIE VERS LES POLES.

Le mouvement de rotation imprimé au globe, sollicitant les matières qui le composaient à se porter vers sa surface et même au-delà, il s'établit donc une sorte de combat entre la force centripète et la force centrifuge. Or, si celle-ci eût été nulle, ou, pour mieux dire, si le globe n'eût point tourné sur lui-même, il aurait pris et conservé la forme d'une sphère parfaite; la force centrifuge agissant en sens contraire de la force centripète, les matières liquides se portèrent plus ou moins au-delà de la surface de la sphère. Ce déplacement fut plus considérable sous l'équateur que sur toute autre région comprise entre ce cercle et les pôles, parce que le mouvement de rotation de la Terre est plus rapide et plus sensible sous l'équateur que partout ailleurs; de même que les clous qui fixent le cercle de fer d'une roue de voiture, tournent plus vîte qu'un point quelconque pris sur la surface du moyeu de la même roue.

Telles furent donc les causes qui firent que la Terre prit la forme d'une sphère aplatie vers ses pôles. N'allez pas croire que le renflement qui s'opéra vers l'équateur pouvait être illimité; il était dépendant de la vitesse de rotation de la masse liquide et de la force centripète: en effet, plus la vitesse de rotation est grande, plus la force centrifuge augmente d'intensité; mais si la vitesse de rotation ne passe pas une certaine limite, la force centripète peut lui faire équilibre après lui avoir cédé jusqu'à un certain point. Pour concevoir ceci, admettez qu'entre le centre de la Terre en repos, et sa circonférence, il y avait d'abord une colonne composée de mille molécules, et que leur tendance vers le centre du globe était représentée par cent kilogrammes; admettez encore que la force centrifuge, équivalant à dix kilogrammes, agissait en sens contraire de la force centripète, elle put soulever cent molécules de la colonne; mais cent autres prirent leur place, et la colonne se composa de onze cents molécules, dont mille firent équilibre à la force centripète:

On a calculé que si le mouvement actuel de rotation de la Terre avait dix-sept fois plus de vitesse, les corps situés sur l'équateur n'auraient plus de poids, c'est-à-dire que la force centrifuge ferait exactement équilibre à la force centripète, de façon qu'une pierre jetée en l'air ne retomberait plus sur le sol.

LA TERRE SERA-T-ELLE TOUJOURS HABITABLE ?

On croit, avec quelque raison, qu'il n'y a guère plus de six à sept mille ans qu'elle nourrit des hommes ; les monumens historiques sont favorables à cette opinion : le siége de Troie, chanté par Homère, les monumens de Thèbes, de Persépolis, anciennes capitales de l'Egypte et de la Perse, ne remontent pas à une antiquité de quatre mille ans ; la grande pyramide, dite de *Cheps*, durera vraisemblablement autant que le monde. Or, si des nations puissantes avaient prospéré sur la Terre il y a dix, vingt, trente mille ans, n'est-il pas certain qu'on trouverait de nos jours des restes de leurs temples, de leurs villes, etc. ; mais nous savons, à quelques siècles près, à quelles époques furent construits les antiques monumens de la Chine et de l'Inde. L'état où sont les matériaux dont ils sont formés nous démontre que ces constructions n'ont pas cinquante siècles.

Les arts industriels fournissent une nouvelle preuve à l'appui de l'hypothèse que la Terre n'a été habitée que depuis six à sept mille ans. Celui qui lit Homère, le plus ancien poète de la Grèce, peut faire la remarque que les métaux étaient fort rares à l'époque du siége de Troie. Le fer, le plus abondant, le plus utile des métaux, passait pour une matière précieuse ; car les prisonniers faits dans les batailles de l'*Iliade*, l'offrent souvent pour racheter leur liberté : preuve évidente de la jeunesse des nations qui s'égorgeaient autour de la ville de Priam, car il ne faut que de l'expérience pour multiplier presque indéfiniment un métal comme le fer, dont les minérais se trouvent partout.

Les langues fondées sur des méthodes régulières datent d'hier, eu égard à l'antiquité du monde. Nous n'avons point de livres écrits avec simplicité par les anciens Egyptiens. Les peuples soumis aux Pharaons fixaient leurs idées au moyen de signes dont la figure variait tellement, qu'il était impossible au commun des hommes contemporains de ces inscriptions de se rendre compte, par la lecture, de ce qu'elles signifiaient.

On a trouvé en Amérique, dans les ruines de l'immense ville détruite de *Palanqué*, des inscriptions qui ont des rapports avec celles qui se lisent sur les monumens de l'antique Egypte. La nation qui bâtit les murs de Palanqué a disparu totalement. En considérant les ruines de cette ville, qui fut probablement la capitale d'une nation, on est forcé de convenir que les peuples qui la bâtirent étaient encore dans l'enfance des arts. Les monumens égyptiens, énormes, solides, travaillés avec efforts, nous prouvent qu'à l'époque où ils furent construits, l'espèce humaine était encore peu exercée dans la pratique des arts.

Les Grecs, nation immortelle, la plus brillante de toutes celles qui ont figuré sur la scène du monde, reçurent les élémens des arts de l'Egypte et de l'Asie; mais combien furent grands les progrès que ces arts cultivés par les enfans de Danaüs (chefs des Grecs) firent en peu de siècles!

La langue grecque, qui fait encore les délices et l'admiration de ceux qui ont le bonheur de la comprendre, n'est pas extraordinairement ancienne. Le vulgaire des littérateurs, qui la qualifie de langue *mère*, est dans l'erreur. Comme la notre, cette belle langue se forma de plusieurs idiomes ou patois qu'on parlait en Perse, en Egypte, en Phénicie, etc.; et si un peuple avait parlé, il y a douze mille ans, une langue aussi belle que celle des Grecs, n'en serait-il pas resté quelque souvenir..

Nous pouvons affirmer avec conviction que la Terre n'a commencé à nourrir des hommes que vers les époques fixées par le plus saint et le plus ancien des livres (la Bible).

C'est par le refroidissement de la croûte solide que la surface de la Terre est devenue habitable, et c'est par l'excès de ce refroidissement qu'elle deviendra impuissante à produire des végétaux et des animaux; déjà le sommet des montagnes élevées, même de celles qui sont situées dans les pays chauds, est couvert de neiges permanentes; sur les Alpes les glaciers augmentent progressivement d'étendue: des clochers, dont le sommet domine leur surface, signalent l'existence de villages dont les glaces ont chassé les habitans.

Toutefois les générations qui vivent dans ce siècle, ni une longue suite de leurs descendans, n'ont rien à craindre de sinistre des effets produits par le refroidissement du globe. Aujourd'hui les matières brûlantes qui occupent son centre sont enveloppées d'une croûte assez épaisse de substances minérales qui, naturellement, livrent difficilement passage à la chaleur; le noyeau de la terre, qu'on nous passe cette expression, est maintenant enveloppé d'un excellent habit d'une épaisseur de vingt à vingt-cinq lieues.

Les savans de nos jours s'étant occupés d'une

manière toute particulière de cette intéressante question, se sont convaincus par l'expérience et le calcul que depuis deux mille ans la température générale de la masse de la Terre n'a pas varié de la dixième partie d'un degré centésimal.

La Palestine, par exemple, jouit encore de la même température que du temps de Moïse, car elle produit des palmiers, du raisin, etc., comme à cette époque reculée; mais pour que les fruits du palmier mûrissent il faut que la température du pays où ils croissent, soit au moins de vingt-un degrés centigrades.

Dans les pays dont la température moyenne est de vingt-deux degrés et plus, la vigne ne prospère que par artifice; en Perse elle ne réussit que dans des fossés ou dans des lieux ne recevant pas l'action directe des rayons du Soleil. Or, aujourd'hui la vigne et le palmier prospèrent sur l'antique terre des enfans de Jacob; d'où il est permis de conclure que depuis trois mille trois cents ans le climat de la Palestine n'a pas varié d'une quantité appréciable.

On pourrait objecter qu'autrefois (et il n'y a pas fort long-temps) on cultivait la vigne avec succès en Angleterre et dans plusieurs contrées de la France où elle ne donnerait de nos jours que de très-faibles produits.

On répond à cette objection en faisant observer qu'autrefois l'Europe était couverte de forêts, et que dans ces temps les étés étaient plus chauds et les hivers plus froids que de nos jours; mais qu'en somme la température moyenne était la même que celle du siècle où nous vivons.

Chose semblable se passe en Amérique maintenant : quand on a abattu les forêts qui couvraient une province, on s'aperçoit que les hivers deviennent plus doux et les étés moins chauds. Pourquoi cela arrive-t-il ainsi ? on n'en sait rien positivement.

FAITS HISTORIQUES, ANECDOTES, REMARQUES.

Nous empruntons à *l'Annuaire des longitudes* pour 1834, quelques fragmens d'une dissertation de M. Arago sur la chaleur du globe.

« Si vous soutenez et voulez prouver à l'aide de texte pris dans les écrits d'anciens auteurs que le climat de l'Europe était plus froid autrefois qu'aujourd'hui, on vous objectera que si les fleuves d'Italie, des Gaules, gélaient autrefois, ces mêmes fleuves, des mers mêmes, telles que le golfe de Vénise, la Méditerranée ont gelé dans des temps très-rapprochés de nos jours.

En 860, le golfe Adriatique et le Rhône se gèlent par un froid de dix-huit à vingt degrés centigrades.

En 1133, le Pô gela depuis Crémone jusqu'à la mer. Le vin se gela dans les caves par une température de dix-huit degrés.

En 1234, des voitures chargées traversant la mer Adriatique sur la glace, en face de Vénise.

En 1305, toutes les rivières de France gèlent.

En 1323, les voyageurs à pied et à cheval allaient sur la glace de Danemarck à Lubeck et à Dantzick.

En 1334, tous les fleuves d'Italie et de Provence se gèlent.

En 1434, la gelée commença à Paris le dernier de décembre 1433, et continua pendant trois mois moins neuf jours. Elle recommença vers la fin de mars, et dura jusqu'au 17 avril. Cette même année il gela en Hollande pendant quarante jours de suite.

En 1468, en Flandres, on coupe avec la hache la ration de vin des soldats.

En 1544, en France, on coupe le vin dans les tonneaux avec des instrumens tranchans.

En 1594 la mer se gèle à Marseille et à Venise.

En 1657–1658, gelée non interrompue à Paris depuis le 24 décembre 1657 jusqu'au 8 février 1658. La Seine fut entièrement prise; le froid dura jusqu'au 18 février.

C'est en 1658 que Charles X, roi de Suède, traversa le petit Belt (détroit) sur la glace avec toute son armée, son artillerie, ses caissons, ses bagages, etc.

En 1777, la Seine fut prise pendant trente-cinq jours consécutifs.

En 1709, l'Adriatique, la Méditéranée à Marseille, à Gènes, sont gelées.

En 1716, on établit à Londres, sur les glaces de la Tamise, un grand nombre de boutiques.

Enfin la Seine est gelée dans toute sa largeur en 1742, 1744, 1746, 1767, 1776, 1788, 1829.

Je doute, dit M. Arago, que personne, après

avoir pris connaissance de la table qui précède, puisse trouver, dans les phénomènes de la congélation des rivières cités par les anciens, la preuve que le climat de l'Europe se soit détérioré. « Je remarque d'abord, dit-il, que la congélation exceptionnelle d'une rivière ne saurait caractériser un climat; que diverses circonstances atmosphériques peuvent accidentellement faire descendre, sur un point donné du globe, des couches très-froides et très-sèches situées dans les hautes régions; que le froid naturel de ces couches, que le froid résultant de l'abondante évaporation à laquelle leur sécheresse donnerait naissance, ajoutés à celui qui proviendrait la nuit du rayonnement, si l'atmosphère était parfaitement sereine, paraissent suffisans pour occasionner la congélation des rivières dans toutes les régions du globe. Aussi a-t-on appris, il y a peu d'années, si non sans surprise, du moins sans regarder le phénomène comme entièrement inexplicable, qu'en Afrique l'eau des outres du capitaine Clapperton s'était gelée une nuit, non loin de Mourzouk et dans une plaine peu élevée au dessus du niveau de la mer: aussi les météorologistes n'ont-ils pas rangé parmi les assertions indignes d'examen, ce que rapporte l'auteur arabe Abd-Allatif, qu'en 829, lorsque le patriarche jacobite d'Antioche, Denis de Telmahre, alla avec le calife Mamoun en Egypte, *ils trouvèrent le Nil gelé*.

Strabon, liv. IV présente la ligne des Cévennes, dans la Gaule narbonnaise, comme la limite septentrionale où le froid arrête les oliviers. Cette limite est aujourd'hui à la même place.

Les grecs apportèrent le dattier de Perse dans leur patrie. Suivant Téophraste, il n'y donna point de fruit. Le célèbre botaniste ajoute cependant qu'à l'île de Chypre la datte sans mûrir complètement, était mangeable.

La *petite* quantité de chaleur dont ce fruit aurait aujourd'hui besoin, pour arriver dans la même île à une parfaite maturité, manquait donc aussi dans l'antiquité.

Les documens agronomiques que je vais mettre sous les yeux du lecteur, me paraissait établir que, dans certaines régions de la France, *les étés sont aujourd'hui moins chauds qu'ils ne l'étaient anciennement*: «...... On trouve dans les papiers conservés par plusieurs familles du Vivarais (Ardèche), datant du seizième siècle, qu'à cette époque il y avait un grand nombre de rentes foncières *en vin*; que le plus grand nombre de ces rentes devaient être payées en vin du premier trait *de la cuve*. Il était stipulé, pour d'autres, qu'elles seraient prises *dans les tonneaux*, au choix du seigneur. Le terme de ce paiement était fixé au 8 octobre. » Les actes en question prouvent donc que, le 8 octobre, le vin était dans les tonneaux, ou du moins dans la cuve, au point d'être tiré; or, le *minimum* du temps qu'on laisse le vin dans la cuve avant de le tirer, c'est huit jours: au seizième siècle la vendange devait donc être finie en Vivarais dans les derniers jours de septembre; maintenant c'est du 8 au 29 octobre qu'on la fait.

On lit dans l'histoire de Mâcon, qu'en 1553, les Huguenots se retirèrent à Lancré (village situé tout près de cette ville), et qu'ils y burent *le vin muscat du pays*. Le raisin muscat ne mûrit pas assez maintenant dans le Mâconnais pour qu'on puisse en faire du vin. — L'empereur Julien, résidant à Paris, faisait servir sur sa table du vin de Surène.

Dieu sait la réputation dont jouit aujourd'hui le vin de ce cru.

Il existe sous les bâtimens de l'observatoire de Paris, des souterrains de quatre-vingt-six pieds de profondeur ; la température de ces lieux doit être constante, puisque la chaleur du soleil n'y pénètre jamais. Depuis un siècle et demi on y observe la marche du thermomètre : le résultat de ces observations est que la température des souterrains de l'observatoire était il y a cinquante ans ce qu'elle est aujourd'hui.

Que sont pourtant ces révolutions en comparaison de celles qui ont dû concourir à la création du monde, et qui peut-être un jour en amèneront la fin ? Ces astres, ces soleils sans nombre qui nous éclairent, ne peuvent-ils pas s'éteindre ? Cette voûte du globe qui nous porte ne peut-elle pas s'écrouler sous nos pieds ? L'équilibre des mers ne peut-il pas un jour, passant au-dessus de ces continens, remplir les monumens de notre industrie ? La Terre ne s'approchera-t-elle pas du Soleil pour l'engloutir comme une goutte dans l'océan ? Ne s'égarera-t-elle pas dans les régions où la lumière et la chaleur ne répandent plus aucun germe de vie ? La consolante idée d'une suprême intelligence qui enchaîne et dirige à son gré les redoutables et aveugles forces de la nature ! La croyance à un ordre de chose supérieur à la matière, à un monde moral, peut seule nous fortifier contre les terreurs qui de toutes parts assiégent la frêle et précaire existence de notre être physique. »

CHAPITRE VI.

DE LA LUNE.

Forme et dimension de la Lune — Constitution physique de la Lune. — Mouvement de la Lune. — Phases de la Lune. — Influence de la Lune sur l'atmosphère. — Lune Rousse. — Observations curieuses.

PROBLÈMES AMUSANS :

Connaissant l'âge de la Lune, trouver quelle heure il est pendant la nuit. — Trouver l'âge de la Lune par le moyen de l'heure qu'elle donne sur le Cadran.

FORME ET DIMENSIONS DE LA LUNE.

La Lune est, de même que la Terre, une masse sphérique ; elle est, pour nous, après le Soleil, l'astre du ciel le plus remarquable, et nous avons cru devoir nous en occuper immédiatement après la Terre, parce que la Lune est le satellite de notre planète, et que sa proximité du globe que nous habitons, nous permet de l'observer beaucoup plus facilement que tous les autres astres. Son diamètre nous paraît presque égal à celui du Soleil; mais il n'est en effet que le quart de celui de la Terre, c'est-à-dire de 780 lieues; de sorte que la Lune est 49 fois plus petite que la Terre. Elle ne paraît si grosse, que parce qu'elle est très-voisine de nous. Sa distance est de 86324 lieues; et sur cette distance, il n'y a pas 50 lieues d'incertitude.

La Lune est un corps opaque, il ne nous paraît lumineux, que parce qu'il réfléchit la lumière du Soleil. Vue de la Lune, la Terre doit présenter le même aspect que nous présente la Lune. Elle exécute ses mouvemens autour de la Terre, qui est son centre.

CONSTITUTION PHYSIQUE DE LA LUNE.

Les taches de la Lune sont des parties plus obscures, sur la nature desquelles on est encore partagé. Les uns les regardent comme des lacs, des mers, etc. D'autres prétendent que ces taches viennent de la diversité des matières dont est composé le globe de la Lune. Ce qu'il y a de sûr, c'est que le télescope fait voir cette planète couverte de trous, de cavernes, de vallées profondes, et hérisée de hautes montagnes, dont plusieurs ont près d'une lieue et demie d'élévation. La Lune emploie à tourner sur elle-même précisément le même temps qu'elle met à tourner autour de la Terre; aussi nous présente-t-elle toujours le même hémisphère, On n'y remarque ni nuages, ni atmosphère, d'où il suivrait qu'elle n'aurait ni pluies, ni rosées, ni brouillards, etc. Sa lumière n'a aucune chaleur: elle est 300 mille fois moindre que celle du Soleil.

La Lune a toujours sa partie lumineuse tournée vis-à-vis le Soleil : ainsi, dans son mouvement autour de la Terre, restant fixe sur son axe, et n'ayant qu'un très-faible mouvement de *libration* ou de balancement, elle doit avoir, pendant 13 à 14 jours, chacune de ses faces ou hémisphères successivement éclairés et plongés dans la nuit; mais, pendant ses longues nuits, la Terre lui envoie assez de lumière pour que ce reflet (lumière centrée), soit sensible sur tout son disque dans les nouvelles lunes.

MOUVEMENS DE LA LUNE.

Ainsi que la Terre, la Lune a deux principaux mouvemens; le mouvement de rotation et le mouvement de translation. Son mouvement de rotation sur elle-même se fait dans un espace de vingt-sept jours sept heures quarante-trois minutes onze secondes cinq dixièmes de seconde. On voit qu'il est très-lent; c'est à cause de cela sans doute qu'on ne remarque aucun aplatissement aux pôles.

Son mouvement de translation autour de la Terre s'exécute exactement dans le même temps que son mouvement de rotation; la ligne qu'elle parcourt porte le nom d'orbite lunaire. C'est un ovale dont la Terre occupe un des foyers. Deux points remarquables de cette courbe sont : celui où elle est le plus éloignée de la Terre, et celui où elle en est le plus rapprochée. Le premier porte le nom d'*apogée*, le second celui de *périgée*. Le temps que la Lune met à parcourir son orbite est ce qu'on appelle une lunaison; chaque lunaison étant de vingt-sept jours sept heures quarante-trois minutes onze secondes cinq dixièmes de seconde, et par conséquent plus petite que nos mois, il devra y avoir plus de douze lunaisons dans une année; par conséquent, si une lunaison commence au premier janvier d'une année, les années suivantes il n'en commencera pas à cette époque. Par un calcul très-simple on a déterminé qu'il fallait dix-neuf ans pour que les lunaisons se représentassent aux mêmes époques. Ainsi, si la première lunaison commençait le premier janvier 1834, il n'en commencerait à cette époque que dans dix-neuf ans, c'est-à-dire en 1853. Cette période de dix-neuf ans est appelée un *cycle lunaire*; les anciens lui avaient donné le nom de *nombre d'or*.

PHASES DE LA LUNE.

La Lune étant, comme nous l'avons dit plus haut, un corps opaque qui n'a de lumière que celle qu'elle reçoit du Soleil, nous en voyons une partie éclairée plus ou moins grande, selon la position qu'occupe cette planète à notre égard. Ces divers changemens de figure ou de lumière sont ce que nous appelons *Phases*.

La Lune, après avoir disparu pendant trois ou quatre jours (c'est la nouvelle Lune), reparaît le soir à l'occident, après le coucher du Soleil, sous la forme d'un croissant. En continuant de s'avancer vers l'orient et de s'éloigner du Soleil, la partie lumineuse nous paraît de plus en plus grande; et elle devient un demi cercle à nos yeux, lorsque la Lune arrive à 90° du Soleil: c'est le premier quartier. Sept ou huit jours après, elle paraît ronde et pleine; elle passe à minuit au méridien ; elle est en opposition, c'est la pleine Lune. On voit ensuite la partie éclairée diminuer de la même manière qu'elle avait augmenté, et redevenir un demi-cercle : c'est le dernier quartier. Puis, à mesure qu'elle se rapproche du Soleil, on la voit se réduire en un croissant, et finir par se perdre dans les rayons de cet astre, pour reparaître de l'autre côté quelques jours après, et présenter les mêmes phénomènes.

Il est à observer que dans le croissant, c'est-à-dire avant la pleine Lune, la partie lumineuse est vers l'occident ; et que dans le déclin, c'est-à-dire après la pleine Lune, elle est vers l'orient.

INFLUENCE DE LA LUNE SUR L'ATMOSPHÈRE.

On a sans doute étendu trop loin cette influence de la Lune sur les phénomènes atmosphériques ; on doit apporter aussi beaucoup de méfiance dans ce que quelques savans ont écrit de ses effets sur les êtres organisés, animaux et végétaux ; mais c'est tomber dans une autre erreur que de la nier entièrement.

Il y a dans chaque lunaison dix situations différentes à remarquer : 1° les 4 phases; 2° le périgée et l'apogée ; 3° les deux passages de la Lune par l'équateur, ou les nœuds ascendant et descendant ; 4° les deux lunistices, boréal et austral.

La somme des changemens de temps effectués dans ces points lunaires, l'emporte de beaucoup sur celle des non-changemens.

Les changemens de temps occasionnés par les nouvelles Lunes sont aux non-changemens, dans le rapport de six à un.

Les changemens de temps occasionnés par les pleines Lunes, sont aux non-changemens dans le rapport de cinq à un.

Les changemens de temps occasionnés par la Lune dans son périgée, sont aux non-changemens, occasionnés par cet astre placé dans les autres points de son orbite, dans le rapport de sept à un.

Les révolutions périodiques de la Lune, ramènent dans le cours des années correspondantes de la période lunaire, à peu près les mêmes météores, les mêmes saisons et la même température.

Le passage de la Lune au mérdien, élève deux fois par jour, les eaux de l'Océan au-dessus de leur niveau, et occasionne ainsi les marées. Sur nos côtes, l'élévation moyenne des eaux, est de dix à douze pieds; les marées des équinoxes vont quelquefois jusqu'à soixante pieds.

L'influence de la Lune sur l'atmosphère, produit des marées atmosphériques, qui ont lieu deux fois en 24 heures.

Les marées de l'Océan sont plus fortes aux syzygies qu'aux quadratures.

L'action du Soleil favorise les marées, mais elle ne peut pas seule les produire. Quelques savans physiciens ont établi le rapport d'action du Soleil et de la Lune, dans ce phénomène, de 22 à 55. Suivant Newton, la Lune, en raison de sa plus grande proximité de la Terre, agit quatre fois plus que le Soleil sur cette planète.

La période anomalistique, ou le retour de la Lune au périgée, ramène les marées et les grands mouvemens de l'atmosphère dans le même ordre.

Les pluies et les vents commencent et finissent à peu près aux angles de la Lune.

Un point lunaire change l'état du ciel produit par le point précédent.

Le temps qui commence avec la Lune est assez constant pendant une partie de sa révolution, ou pendant toute sa révolution.

LUNE ROUSSE.

On nomme communément *Lune rousse* celle qui, commençant une lunaison au mois d'avril, devient pleine à la fin de ce mois ou dans le mois de mai. Les jardiniers lui attribuent une influence nuisible sur les jeunes plantes : ils prétendent, qu'exposées par des nuits sereines à la lumière de cette lune, les plantes se gèlent. L'effet existe réellement, mais la cause n'en est pas dans l'influence de la lumière de de la lune. Il est démontré que la température des corps à la surface de la terre pendant les nuits sereines, peut être beaucoup moins élevée que celle de l'air qui les entoure ; cela tient à la grande quantité de chaleur que la terre et les corps qui sont à sa surface envoient vers les hautes régions du ciel. Pendant les nuits sans nuages, cette chaleur qu'ils envoient est totalement perdue pour eux, puisqu'ils n'en reçoivent pas en retour ; de là, leur abaissement de température qui peut amener la congélation : quand le ciel est couvert de nuages, au contraire, ces nuages restituent de leur côté, par le rayonnement, aux corps placés à la surface de la Terre, la chaleur que ceux-ci perdent aussi par le rayonnement ; il y a compensation, et par suite, peu de changement dans la température des corps. Mais il n'est pas vrai que la lumière de la

Lune jouisse d'une vertu frigorifique, comme tendrait à le faire croire l'influence funeste que les jardiniers attribuent à la Lune rousse sur les jeunes plantes.

OBSERVATIONS CURIEUSES.

Nous avons dit plus haut que la Lune n'a point d'atmosphère, et que par conséquent elle ne pouvait avoir ni mer, ni pluie ni végétation. Ce ne sont cependant là que des conjectures qui sont combattues par quelques observations récentes. A l'aide d'excellens instrumens, des astronomes allemands ont cru voir à la surface de la Lune, non seulement d'immenses montagnes, mais des forêts, des lacs et même des villes. Il n'en est pas moins certain que si la Lune est habitée, c'est par des êtres d'une nature toute différente de la nôtre; car la Lune étant beaucoup plus petite que la terre, ses habitans doivent être beaucoup plus petits que ceux de notre globe; d'un autre côté, le même hémisphère de la Lune ayant pendant quatorze jours le même hémisphère, doit avoir pendant près de quinze jours la lumière, et la nuit pendant le même temps, puisque son mouvement de translation autour de la Terre se fait aussi dans vingt-sept jours sept heures quarante-trois minutes onze secondes cinq dixièmes de seconde. Une aussi longue durée de jour, doit produire une accumulation très-grande de chaleur, et par suite un été excessif de quinze jours; et une durée de nuit si considérable doit amener au contraire un hiver de quinze jours très-froid.

PROBLÈMES AMUSANS.

Connaissant l'âge de la Lune, trouver quelle heure il est pendant la nuit.

L'âge de la Lune est le temps écoulé depuis

la conjonction jusqu'à l'instant demandé. Il faut se souvenir que la Lune en conjonction passe au méridien en même temps que le Soleil ; que le lendemain, se trouvant à 12° à l'orient du Soleil, elle arrive au méridien 48′ plus tard que la veille, et qu'elle retarde d'autant tous les jours.

Ainsi, il n'y a qu'à ajouter à l'heure que la Lune marque sur un cadran solaire, autant de fois 48′ qu'il y a de jours écoulés depuis le moment de la dernière conjonction.

Trouver l'âge de la Lune par le moyen de l'heure qu'elle donne sur le cadran.

Il faut remarquer la différence entre l'heure du Soleil et celle que donne la Lune sur le cadran, puis chercher combien de fois 48′ il y a dans cette différence : le nombre trouvé exprimera en jours l'âge de la Lune.

CHAPITRE VII.

DU SOLEIL.

Forme et dimensions du Soleil. — Constitution physique du Soleil. — Chaleur du Soleil. — Lumière du Soleil. — Des saisons. — Des climats. — Force d'attration du Soleil. — Mouvemens du Soleil.

PROBLÊMES AMUSANS :

Trouver l'endroit où le Soleil est perpendiculaire le 5 avril. — Déterminer le point de la Terre où le Soleil est perpendiculaire, le 2 mai, par exemple, lorsqu'il est 7 heures 24 minutes du matin à Lyon. — Trouver tous les lieux de la Terre où le Soleil se lève et se couche à une heure proposée, par exemple le 1er septembre, quand il est huit heures du matin à Lyon. — Déterminer quels sont le plus long jour et la plus longue nuit pour le 80e degré de latitude septentrionale. — Déterminer à quelle latitude le plus long jour est de 18 heures. — Influence du Soleil sur les corps organisés.

FORME ET DIMENSIONS DU SOLEIL.

Le Soleil, placé au milieu de son système, est la source de la lumière et de la chaleur; c'est lui qui gouverne et qui éclaire toutes les planètes, qui anime et vivifie tous les êtres organisés, animaux et végétaux; c'est sous son influence qu'ils se développent, se reproduisent; que les plantes croissent, épanouissent leurs fleurs, mûrissent leurs fruits; que les unes se colorent, que les autres acquièrent de la saveur : source unique de tant de bienfaits, sans cette influence tout resterait dans le néant.

Le Soleil est un corps de forme ronde, lumineux par lui-même, et dont la lumière, se répandant à chaque instant dans l'espace, nous éclaire et nous réchauffe. C'est sans doute une étoile comme nous en apercevons des milliers, et autour de laquelle notre globe est assujetti à faire ses mouvemens, comme il est probable que d'autres mondes en exécutent autour des étoiles; et s'il nous paraît plus grand, plus lumineux que les autres, cela tient au peu de distance où il est de nous comparativement à ces corps. On a calculé par des moyens géométriques sa distance de la terre : cette distance varie par suite du mouvement de la terre dans l'écliptique, mais elle est, terme moyen, de trente-quatre millions de lieues; ce qui équivaut à 23984 fois le rayon de la Terre. Si on prend cette distance moyenne pour unité, on trouvera que les distances extrêmes à l'aphélie et au périhélie, sont 1,01679 et 0,98321. On prévoit déjà combien doit être énorme la dimension du Soleil, pour qu'il nous paraisse si grand que nous le voyons à une aussi immense distance. On a trouvé par le calcul que son diamètre réel était de trois cent vingt mille lieues. Sa dimension linéaire est avec celle de la Terre dans le rapport de 111 1/2 à 1, c'est-à-dire 111 fois 1/2 plus grande que celle de la Terre, et sa dimension de volume dans le rapport de 134472 à 1.

CONSTITUTION PHYSIQUE DU SOLEIL,

DES TACHES QUE L'ON VOIT A SA SURFACE.

Il est bien difficile, si ce n'est impossible, de savoir ce que c'est que le Soleil. Les anciens prétendaient que c'était un globe de feu inextinguible; quelques-uns affirment que l'activité de sa chaleur et de sa lumière s'entretient par la chute dans son foyer de comètes destinées à l'alimenter; or, comme le nombre des comètes de notre système est nécessairement limité, il faudrait supposer que notre Soleil s'éteindra quand il les aura toutes consumées.

Cette dernière supposition s'accorderait avec la proposition de certains astronomes qui croient que le Soleil est une grande masse en combustion qui finira par se détruire à la suite des siècles, de même que les étoiles fixes qui ne sont autre chose que des Soleils. A cette objection, que tout corps qui se consume doit nécessairement diminuer de volume, et que les observations faites depuis plus de deux mille ans, n'ont pas fait découvrir la moindre diminution de notre Soleil, les partisans de ce système répondent. Il faut observer que la grosseur d'un Soleil comme son éclat, ne sauraient jamais être déterminés; plus la quantité de ses terres, consumées par le feu, sera grande, plus il augmentera de volume, et plus les terres seront près d'être toutes consumées, plus il perdra de son éclat, en sorte qu'il se peut que dans toute la voûte céleste, il n'y ait pas deux étoiles fixes qui se ressemblent en éclat et en grandeur ; ce qui est en effet démontré par les observations faites sur ces étoiles. D'après ce système, il est possible de juger de l'âge d'un Soleil par son éclat et par sa grandeur. Une étoile beaucoup plus grosse qu'une autre étoile, mais moins lumineuse, est certainement un vieux Soleil ; et au contraire une étoile moins grande et très-lumineuse, est certainement un jeune Soleil ; s'il est donc vrai, ajoutent les partisans de ce systême, que les étoiles de la moyenne grandeur sont dix millions de fois plus grandes que le Soleil qui nous éclaire, cet astre serait d'un âge peu avancé, mais il est une autre preuve plus certaine et mieux constatée ; ce sont ses taches qui ne sont autre chose que d'immenses parties de terre que l'ardeur du feu intérieur mine et détache de la masse embrasée des terres et qu'il fait flotter dans un océan de flammes, du foyer du Soleil vers sa surface. Il est certain que d'une masse de terre brûlante, le feu qui s'y trouvera concentré et qui s'enflammera dans ses crévasses, en devra détacher selon les circonstances, des parties considérables qui seront poussées du foyer du Soleil vers le limbe ; or, plus ces parties de terre s'éloigneront du foyer, plus le feu se ralentira sur leurs surfaces visibles qui deviendront conséquemment obscures : mais quoique le feu diminue sur ce côté de leurs surfaces, il n'en sera pas moins ardent sur le côté opposé qui fait face au foyer ; son action même n'en sera que plus irritée jusqu'à ce qu'elles soient entièrement consumées. alors la tache disparaîtra.

Elles ne commencent à paraître que lorsque le feu s'est ralenti sur les surfaces visibles des portions de terre détachées.

Selon le plus ou le moins de consistance des parties de terre détachées, le feu les consumera plus ou moins vite à mesure qu'elles s'éloigneront du foyer.

Si plusieurs portions de terre sont détachées de suite, l'impulsion des flammes du foyer les accumulera à mesure qu'elle les chassera vers le limbe ; et lorsqu'une seule partie de terre détachée se trouve avoir dans beaucoup d'endroits moins de consistance que dans beaucoup d'autres, elle se divise en parcelles d'autant plus petites et en d'autant plus grand nombre.

Une souche qui brûle, tantôt donne des éclats et tantôt n'en donne point ; cela dépend de l'espèce du bois, des altérations que le feu y a causées, et d'autres circonstances qui sont multipliées dans une masse de terre enflammée.

Sans doute qu'à mesure que le feu se ralentit sur les surfaces visibles des parties de terre détachées, il doit s'en élever des vapeurs légères qui s'enflamment bientôt.

Il y a des taches qui ont duré 2, 3, 10, 15, 20, 30 et même 40 jours.

Plus elles seront massives plus elle devront être de temps à se consumer ; et au contraire, etc.

Elles se meuvent sur le disque du Soleil, d'un mouvement qui est un peu plus lent près du limbe que près du centre.

Sans doute encore l'action du feu est plus vive près du foyer du Soleil que vers le limbe ; or, l'impulsion des flammes sur les parties détachées étant toujours moins forte à mesure que ces parties sont poussées plus loin du foyer, leur mouvement doit donc diminuer à mesure qu'elles avancent vers le limbe.

Les taches de notre Soleil prouvent qu'il est peu ancien, parce qu'on y en observe de très-considérables, en très-grand nombre, et qui se renouvellent souvent : en effet, plus une masse de matières hétérogènes avance de brûler, moins elle doit se diviser par éclats considérables et en grand nombre : si donc, on observe dans le disque du Soleil souvent des taches qui occupent un plus grand espace que n'occuperait sur le Soleil toute la surface de la Terre, il n'y a certainement qu'une terre nouvellement enflammée qui puisse donner des éclats aussi prodigieux quelque raréfiés qu'on puisse les supposer ; ensuite les matières d'une masse de terre sont plus compactes, plus rapprochées vers le centre de la masse que vers sa surface, et quand elles se trouvent réduites par le feu, pour ainsi dire au noyau, alors elles achèvent de se consumer comme une grosse souche qui brûle dans nos foyers, sans donner de grands éclats ; en sorte donc que vers le milieu de l'âge d'un Soleil, il n'a plus de taches, ou n'en a que de petites et en petit nombre.

On peut rappeler à ce sujet que l'histoire fait mention d'un ancien peuple qui croyait que le Soleil et la Lune n'avaient pas toujours existés ; et cela, sur une tradition des plus anciens habitans de la terre qui avaient vu ces astres se former, quoiqu'il n'y ait sur toute la terre que des traces profondes du souffle du Soleil ; cette tradition ainsi que celle du déluge universel, défigurées par le temps, ne sont pas dépourvues d'autant de vraisemblance qu'on peut le croire.

Il est certain que la chaleur et la lumière d'un Soleil accompli pourront souvent varier, soit par la nature des matières actuelles qui brûlent, soit par le nombre et la grandeur des tâches qui l'offusquent, comme le constatent les histoires qui sont pleines de ces remarques, sur des années entières ; telle, celle, la première du règne d'Auguste qui fut si obscure qu'on pouvait aisément considérer la lumière du Soleil sans en être ébloui et où la chaleur comme l'éclat du jour étaient sensiblement ralentis.

Ces changemens ne sont pas moins naturels dans un Soleil qui approche de sa fin ; il en est dans ce dernier cas de la lumière d'un Soleil, comme de celle d'une lampe ou d'une chandelle, qui s'affaiblit à mesure que les matières qui lui servent de substance, achèvent de se consumer, et qui, lorsqu'elle paraît prête à s'éteindre, se reproduit d'instans à autres, aussi brillante qu'auparavant ; ce qui provient de ce que l'espace environnant, en se condensant à mesure que la lumière s'affaiblit, rapproche les parties du reste de substance de cette flamme mourante, et de cette sorte là ranime plusieurs fois d'intervalle en intervalle, jusqu'à ce que les matières capables de la produire soient entièrement consumées.

Il suit de ces changemens si semblables pour un Soleil qui se forme et pour un Soleil qui s'éteint, qu'il faut une longue suite d'observations pour reconnaître l'âge d'une étoile qu'on découvre ; car telle étoile nouvellement découverte, peut aussi bien être un Soleil mourant qui était disparu au temps des premières observations et qui a reparu depuis, qu'un Soleil qui vient de se former : cependant plus nous nous éloignons des premières observations, plus il devient probable qu'une étoile qu'on découvre est une terre nouvellement enflammée; comme aussi qu'une étoile ancienne qui disparaît, est un Soleil sur sa fin; telle, celle qui a cessé d'être visible dans les pléyades ou sept étoiles, et qui dans les siècles des Romains ne se montrait déjà plus que de temps à autre.

Ajoutons qu'on peut encore à leur éclat et leur grosseur, distinguer une étoile nouvelle d'une ancienne, lors de leur apparition; une étoile qui paraît dans un point du ciel où on n'en découvrait point auparavant, dont la lumière éclatante surpasse celle des étoiles ordinaires et dont la grandeur augmente promptement et considérablement, est certainement une Terre nouvellement enflammée, au contraire, une étoile nouvellement découverte dont la lumière n'a que l'éclat ordinaire des autres étoiles, et dont la grandeur, à proportion de celle qu'elle avait d'abord, augmente moins et moins promptement que celle de la première étoile, est certainement aussi un vieux Soleil.

On comprend sans doute qu'une Terre brûle sans qu'il se perde ou se répande aucune de ses parties hors du globe dont elle occupe le centre; or, lorsqu'elle est entièrement consumée par le feu, le globe ne contient ni plus ni moins de matière propre qu'il en contenait auparavant; tout ce qu'il en est résulté, c'est que les matières solides et fluides ayant été réduites en air réel, et l'air ayant été extrêmement dilaté, le globe se trouve occuper un espace considérablement plus grand que celui qu'il occupait avant son incendie; mais en se refroidissant, bientôt sa grandeur se réduit à ce qu'elle était à sa formation ; et alors il s'y forme comme auparavant une masse d'eau, et une masse de Terre, qui reproduisent un nouveau Soleil, si ce n'est que cette Terre nouvelle venant à se trouver dans la région d'un Soleil, les changemens que ce Soleil lui feront éprouver, en feront, lorsqu'elle viendra à brûler, une comète long-temps errante, avant de devenir une étoile fixe.

« Rien n'a paru, dit Cassini, plus singulier, ni » avec plus d'évidence, que l'étoile qui fut découverte dans la constellation de Cassiopée, au commencement du mois de novembre 1572 ; on la vit » seize mois entiers dans le même lieu du ciel sans » changer de situation à l'égard des autres étoiles » fixes, faisant un rhombe parfait avec certaines » étoiles de cette constellation.

» Cette étoile n'avait point de chevelure comme » on en apperçoit à certaines comètes; mais elle était » brillante de même que toutes les étoiles fixes, » telles que Syrius et la Lyre, qu'elle surpassait en » grandeur et en clarté; elle paraissait même alors » plus grande que Jupiter.

» On la vit dès le commencement fort éclatante, » comme si elle s'était formée sur le champ, de cette » grandeur : elle conserva pendant tout le mois de » novembre sa grandeur et l'éclat de sa lumière, de » sorte que ceux qui avaient la vue excellente, la » voyaient de jour et même en plein midi, lorsque » le Loleil était serein; on l'apercevait aussi sou» vent de nuit au travers des nuages qui n'étaient » pas fort épais, pendant que les autres étoiles en » étaient cachées.

» Elle ne resta pas de la même grandeur, car

» au mois de décembre elle était diminuée, de » sorte qu'elle paraissait à peu près semblable à » Jupiter.

» Au mois de Janvier de l'année suivante, 1573, » elle était un peu plus petite que Jupiter, et un » peu plus brillante que les étoiles de la première » grandeur, qu'elle égalait dans les mois de fé- » vrier et de Mars.

» Au mois d'avril et de mai, elle ne paraissait » plus que de la seconde grandeur et diminuait » considérablement, de manière qu'au mois de » juin, juillet et août, elle était semblable aux » plus grandes étoiles de Cassiopée qu'on a jugées » de la troisième grandeur.

« Aux mois de septembre, octobre et novem- » bre, elle était égale aux étoiles de la quatrième » grandeur.

» Vers la fin de l'année 1573 et au mois de jan- » vier de l'année suivante, elle surpassait peu les » étoiles de la cinquième grandeur; on l'aperce- » vait encore au mois de février, égale aux étoiles » de la sixième grandeur, et elle devint enfin si petite » au mois de mars qu'on l'a perdit entièrement de » vue.

» La vivacité de sa lumière fut sujette aussi à divers » changemens, à mesure que sa grandeur diminuait, » car lorsqu'elle paraissait égale à Vénus et à Jupi- » ter, sa lumière était blanche et éclatante; elle de- » vint ensuite un peu jaunâtre, et parut au commen- » cement du printems de 1573, de même couleur » qne Mars, semblable à Aldebaran et un peu moins » brillante que l'épaule droite d'Orion: Au mois » de mai on l'a vit toujours d'une blancheur pâle de

» même que Saturne; couleur qu'elle conserva tou-
» jours jusqu'à ce qu'elle disparût entièrement, à la
» reserve que plus elle était près de sa fin, plus cette
» couleur était trouble et faible.

» Elle ne laissa pas cependant d'étinceler tou-
» jours jusqu'à ce qu'on la perdît entièrement de
» vue, et cet étincellement suivit proportionnelle-
» ment la diminution de sa grandeur et de sa
» lumière. »

Les observations sur cette étoile se rapportent si clairement et si parfaitement aux faits que nous venons d'exposer, et à toutes les circonstances qui les accompagnent, qu'elles ne demandent aucune explication, et dispensent d'en citer d'autres semblables qui existent en très-grand nombre.

Ajoutons que Lovicius parle d'une autre étoile qui parut dans la même constellation en 1264 et ressemblait à la première. Il cite une autre observation ancienne par laquelle il paraît qu'on avait vu une étoile nouvelle dans le même endroit, en 945.

Quelque séduisante que soit cette hypothèse, elle ne peut cependant résister aux objections suivantes :

Est-on bien convaincu que l'éclat de la lumière du Soleil soit absolument le même que celui que le feu produit ?

Plus on se rapproche du Soleil, soit en gravissant sur les montagnes les plus élevées, soit par l'ascension perpendiculaire dans un aérostat, plus on éprouve de froid? Les Andes ou Cordillières, situées dans la zône-torride; sous l'équateur, ont leurs sommets couverts de neiges perpétuelles. La terre est un million de fois plus près du Soleil dans l'hiver que dans l'été. Sont-ce là les effets ordinaires du feu?

A quoi donc attribuer cette lumière si éblouissante que l'œil de l'homme ne peut supporter, quoiqu'elle lui soit projeté d'une source intarissable placée à 34 millions de lieues de lui? La chaleur que le Soleil nous procure ne serait-elle pas produite, comme quelques savans l'ont dit (entr'autres *Wallerius*) par l'agitation des rayons de l'atmosphère de cet astre, seule lumineuse, qui échauffe l'atmosphère de la Terre, à l'exemple de tous les corps quelconque que l'on frotte avec force et vivacité l'un contre l'autre? un fil d'araignée suspendu sous une cloche de verre y restera sans mouvement s'il est à l'ombre, mais dès que les rayons du Soleil pourront pénétrer au travers des pores du verre, ce fil d'araignée sera agité. Plus les vapeurs de la terre seront abondantes, plus l'atmospbère s'épaissira, et, par une conséquence naturelle de cette augmentation de densité, l'action des rayons solaires deviendra plus sensible.

Nous nous en tiendrons d'autant plus volontiers à cette dernière supposition qu'elle donne une explication beaucoup plus satisfaisante des taches noires qu'on aperçoit à la surface du Soleil. Ces taches, d'une étendue quelquefois très-considérable, se meuvent autour du soleil en en cachant une partie, d'après notre hypothèse elles seraient le résultat des vides ou interstices qui se formeraient dans l'atmosphère lumineuse qui environne le soleil; et, comme elles présentent une partie très-obscure, et tout autour une partie peu éclairée, mais moins obscure qu'on appelle pénombre, on supposerait que la partie obscure est une portion du noyau opaque qu'on aperçoit ; la pénombre serait produite par une atmosphère transparente, qui séparerait le noyau et l'atmosphère lumineuse, et jouirait de la propriété de refléter la lumière à un assez haut degré. On a vu de ces taches durer soixante dix jours, quelques-unes, après avoir disparu, ont reparu au bout d'à peu près quatorze jours ; cette dernière observation tent à confirmer l'idée du mouvement de rotation du soleil sur lui-même. Ce mouvement se ferait dans l'espace de vingt-cinq jours onze cent cinquante-quatre dix millièmes de jour. ; quand ces taches paraissent, on commence à voir un côté de la pénombre, puis le noyau obscur paraît ; peu à peu le premier côté de la pénombre disparaît, ainsi que le noyau, et l'on voit en dernier lieu disparaître l'autre côté de la pénombre. ce fait s'explique de lui-même au moyen de la rotation du soleil et de l'hypothèse que nous avons faite que ces taches seraient l'effet d'une crevasse dans les deux atmosphères, l'une transparente, l'autre lumineuse, qui envelopperaient le noyau opaque du soleil.

CHALEUR DU SOLEIL.

Ce qui semblerait prouver que la surface visible du Soleil est soumise à une température très-élevée, c'est que l'on peut au moyen des rayons de lumière qu'il nous envoie, produire des chaleurs plus fortes que par tous les moyens artificiels connus. mais cette masse de lumière et de châleur est-elle le résultat d'une combustion qui minerait peu à peu le soleil ? est-elle le résultat de l'hypothèse que nous avons admise comme probable ? c'est ce qu'on ne peut pas dire d'une manière positive : il faut de nouvelles preuves.

LUMIÈRE DU SOLEIL.

La lumière est lancé du soleil à la Terre avec une prodigieuse vitesse ; on a calculé cette vitesse à 70,000 lieues par seconde, en sorte qu'elle met environ 8 minutes pour arriver du Soleil jusqu'à nous, vitesse 10,000,000 de fois plus grande que celle d'un boulet de canon, et 10 mille fois plus grande que celle de la Terre dans son orbite.

La lumière solaire irradie jusqu'à une distance immense ; elle remplit l'espace occupé par notre système planétaire, et éclaire les astres les plus éloignés. Uranus, qui est à près de 700,000,000 de lieues du Soleil, en reçoit une lumière aussi vive que la terre elle-même. On ne connaît pas la nature de la lumière.

DES SAISONS.

L'axe de la Terre étant incliné sur le plan de l'écliptique, mais se mouvant toujours parallèlement a lui-même, il doit arriver deux positions qui sont situées symétriquement des deux côtés de l'orbite terrestre, où le Soleil éclaire également les deux pôles, (le Soleil étant à une distance énorme de nous, nous supposons que ses rayons nous arrivent parallèles), et où la moitié de chacun des hémisphères nord et sud, est dans la lumière, les autres moitiés étant dans l'ombre ; car le Soleil ne peut jamais éclairer que la moitié de la Terre. Pendant que la Terre tourne sur elle-même, chacun de ses points décrit une moitié de sa course dans l'ombre, et l'autre moitié dans la lumière, c'est-à-dire que le jour est égal a la nuit; et on dit alors que le Soleil est à l'équinoxe. Ces deux positions de la Terre dans son orbite ont lieu l'une au 21 mars, c'est l'équinoxe du printemps, l'autre au 21 septembre, c'est l'équinoxe d'automne. Il existe encore deux positions symétriques très-remarquables. Dans ces deux positions les moitiés des hémisphères nord et sud ne sont pas éclairées également : dans l'une, le pôle nord est seul éclairé et reste dans la lumière jusqu'à la position correspondante où le pôle sud est éclairé et le pôle nord dans l'ombre. Cet intervalle dure six mois, Ainsi le pôle nord est éclairé six mois de l'année ; les six autres mois, il est dans l'ombre. Dans chacune de ces deux positions particulières, il y a toute une portion de la sphère qui entoure le pôle qui est éclairé, cette portion, dont l'étendue est limitée par l'inclinaison de l'axe de la Terre sur l'écliptique, porte le nom de région polaire : elle est circonscrite par un cercle qui, au nord, est appelé arctique, et au midi, antarctique. Ces deux positions de la terre dans son orbite ont lieu, l'une au 21 juin, c'est le solstice d'été ; l'autre au 21 décembre, c'est le solstice d'hiver.

DES CLIMATS.

Le Soleil nous semble se mouvoir autour de la Terre en embrassant une certaine partie de son étendue des deux côtés de l'équateur dans ses trois cent soixante-cinq révolutions annuelles. Cette partie où les rayons solaires tombent presque partout perpendiculairement doit éprouver une chaleur excessive ; on l'appelle zône torride. Elle est limitée de part et d'autre de l'équateur par deux cercles qu'on appelle tropiques ; l'un, c'est celui de notre hémisphère, est appelé tropique du cancer ; l'autre, tropique du capricorne. L'espace compris entre les tropiques et les cercles polaires donne deux régions appelées régions tempérées, parce que le climat y est doux, les rayons du Soleil les frappant un peu obliquement. Nous habitons la région tempérée du nord. Enfin les régions polaires recevant les rayons du Soleil d'une manière tout à fait oblique, le froid doit y être excessif; c'est en effet ce qui a lieu.

(*Voyez, Chap.* 4, DE LA SPHÈRE ARTIFICIELLE.)

FORCE D'ATTRACTION DU SOLEIL.

L'attraction exercée par un corps sphérique, étant d'autant plus considérable que la masse de ce corps est plus grande; il en résulte que l'attraction exercée par la masse du Soleil, sur un corps placé à sa surface, est vingt-sept fois plus forte que celle exercée par la masse terrestre sur ce corps placé également à sa surface. Ainsi un poids d'un kilogramme transporté à la surface du Soleil y exercerait la même pression qu'un poids de vingt-sept kilogrammes à la surface de la Terre. Un homme de force ordinaire ne pourrait pas supporter son propre poids et serait écrasé sous la charge s'il était transporté à la surface du Soleil.

MOUVEMENS DU SOLEIL.

Le mouvement de la Terre autour du Soleil, et l'immobilité de celui-ci par rapport à nous, n'empêche pas que la totalité de notre système solaire ne puisse être sujet à quelque déplacement. En effet, puisque les étoiles s'attirent de fort loin, il est vraisemblable qu'elles sont dans un mouvement continuel. Nous les appelons fixes, parce que leur mouvement est insensible pour nous;

mais il y en a quelques-unes dont on a déjà observé le mouvement, sur-tout *Arcturus*; et à l'égard du Soleil, le mouvement de rotation qu'on y observe est inséparable d'un mouvement de translation ou d'un déplacement réel, dans lequel le Soleil entraîne avec lui tout le système, la Terre, les planètes et les comètes, au travers des espaces célestes; nous ne savons point encore avec quelle vitesse ni dans quelle direction. Quoi qu'il en soit, le Soleil, par rapport à nous, doit être supposé immobile, comme nous l'avons démontré.

PROBLÈMES AMUSANS.

Trouver l'endroit où le Seleil est perpendiculaire le 5 avril.

Le Soleil est ce jour-là dans le 15° du bélier; et ce degré est à 6° de déclinaison septentrionale: le Soleil sera donc perpendiculaire pour tous les lieux qui auront 6° de latitude septentrionale.

Déterminer le point de la terre où le Soleil est perpendiculaire, le 2 mai, par exemple, lorsqu'il est 7 heures 24 minutes du matin à Lyon.

Le Soleil étant ce jour-là dans le 12° du taureau, aura 15° de déclinaison septentrionale, et sera perpendiculaire successivement au méridien de tous les lieux qui auront ces 15° de latitude septentrionale. Pour savoir le lieu où il est midi à l'heure proposée, je compte à partir de Lyon 69° vers l'orient; sur le méridien éloigné de celui de Lyon de ces 69°, je prends 15° de latitude septentrionale, et je rencontre Goa: c'est là que le Soleil est perpendiculaire au jour et à l'heure marqués.

Trouver tous les lieux de la Terre où le Soleil se lève et se couche à une heure proposée; par exemple, le 1er septembre, quand il est 8 heures du matin à Lyon.

Le Soleil est au 9e de la Vierge. J'élève le pôle d'autant de degrés que le 9e de la Vierge a de déclinaison, c'est-à-dire de 8°; de sorte que le 9e degré de la Vierge passe au zénith et que le Soleil ait pour horizon lumineux, l'horizon même du globe. Cela fait, je tourne le globe, jusqu'à ce que Lyon soit à 60° du méridien vers l'occident; dans cette position, le Soleil, étant dans le méridien et au zénith, se lève pour tous les lieux qui sont dans l'horizon, à l'occident du méridien, et se couche pour tous ceux qui sont dans l'horizon, à l'orient, puisqu'en effet tous ces lieux sont à 90° du point où le Soleil est alors perpendiculaire.

Déterminer quels sont le plus long jour et la plus longue nuit, pour le 80e degré de latitude septentrionale.

Je fais tourner le globe, et j'examine quels sont les deux points de l'écliptique qui rasent l'horizon à l'endroit où ce même horizon coupe le méridien au nord: ce sont, le 26e du Bélier et le 5e de la Vierge. Toute la partie de l'écliptique comprise entre chacun de ces deux points et le solstice du cancer, est toujours visible sur l'horizon; et le plus long jour dure autant de temps que le Soleil en met à parcourir cette partie. Elle est de 129°, et donne par conséquent un jour de 4 mois 10 jours, et une nuit d'autant; car la plus longue nuit est toujours égale au plus long jour.

Déterminer à quelle latitude le plus long jour est de 18 heures.

J'élève le pôle jusqu'à ce que le tropique d'été ait au-dessus de l'horizon 270° qui valent les 18 heures proposées. C'est au 59° de latitude, ou méridionale, ou septentrionale.

INFLUENCE DU SOLEIL SUR LES CORPS ORGANISÉS.

La chaleur solaire colore la peau, l'affermit, l'enflamme, y produit des éruptions, augmente la circulation du sang, colore en vert les feuilles des végétaux, nuance leurs fleurs, donne aux fruits leur saveur; colore les poils des quadrupèdes, les plumes des oiseaux, les élytres des insectes. La chaleur du Soleil augmente l'énergie du système nerveux; dissipe la tristesse, la mélancolie, sous son influence tout se réveille, tout s'anime, les fleurs s'épanouissent, les oiseaux chantent; lorsqu'elle disparaît, les fleurs se ferment, les oiseaux cessent de chanter, tout se tait, tout s'endort.

Les herbes venues à l'ombre sont presque insipides, sans saveur, sans odeur, faiblement colorées et peu propres à servir de médicament ou d'aliment. Les végétaux doués d'une grande énergie ne croissent que sous les latitudes fortement tempérées: c'est là que l'on trouve les baumes et les huiles essentielles parfumées; les poisons y ont plus d'énergie; l'opium ni la cigue recueillies sous notre latitude n'auront jamais les vertus de ces végétaux recueillis dans les parties chaudes de l'Europe. Cette influence s'exerce d'une manière très-remarquable sur les animaux : ceux du midi ont une chair bien plus riche en principes alibiles, et bien plus savoureuse ; celle des bœufs d'Espagne fournit 1/3 de plus d'extrait que celle des bœufs d'Allemagne. Le froid diminue tellement la vertu des plantes, qu'au nord de l'Europe on ne trouve plus de poisons dans ce règne. On dit que les Russes dévorent toutes les espèces de champignons sans en ressentir le moindre effet délétère. Linnée a vu, en Uplande, des paysans manger sans danger les jeunes pousses de l'aconit, plante chez nous si redoutable.

CHAPITRE VIII.

DES ÉCLIPSES.

Ce que c'est qu'une éclipse. — Des différentes sortes d'éclipses. — De la durée des éclipses. — Remarques curieuses. — Anecdotes historiques.

CE QUE C'EST QU'UNE ECLIPSE.

Une éclipse de Soleil est un obscurcissement de la Terre, occasionné par l'interposition de la Lune entre la Terre et le Soleil, ce qui ne peut arriver que lorsque la Terre est en conjonction. Une éclipse de Lune est un obscurcissement de la Lune causé par l'interposition de la Terre entre le Soleil et la Lune; ce qui n'arrive que lorsque la Lune est en opposition.

Puisque tous les quinze jours la Lune est en opposition ou en conjonction, il semble qu'il devrait y avoir des éclipses tous les quinze jours; et en effet, cela aurait lieu, si l'orbite de la Lune était dans le même plan que celle de la Terre; mais elle lui est inclinée de 5° environ. Les deux points où elle la coupe, s'appellent *Nœud ascendant et Nœud descendant*; l'un, par lequel la Lune passe au nord de l'écliptique; l'autre, par lequel elle descend au midi de l'écliptique. Il ne peut donc y avoir éclipse, que quand la Lune, en conjonction ou en opposition, se trouve dans les Nœuds ou proche des Nœuds. Les demi-diamètres apparens du Soleil et de la Lune étant chacun d'environ 16', il faut que les deux centres soient éloignés de moins de 32', pour que le disque de la Lune puisse couvrir au moins en partie celui du Soleil. De même, le demi-diamètre de l'ombre de la Terre étant d'environ 46' au plus, il faut que la latitude de la Lune, c'est-à-dire sa distance à l'écliptique, ne surpasse pas 63', pour qu'elle puisse entrer dans l'ombre.

DES DIFFÉRENTES SORTES D'ÉCLIPSES.

On divise les éclipses en *totales* et *partielles*; totales, quand l'astre est éclipsé tout entier; partielles, quand il ne l'est qu'en partie. Les éclipses totales prennent le nom de *centrales*, quand la Lune étant dans un nœud, et la Terre ou le Soleil dans l'autre, le centre des trois astres est sur la même ligne. Pour mesurer la grandeur de l'éclipse, on suppose le disque du Soleil et de la Lune divisé en 12 parties qu'on appelle *doigts*: ainsi une éclipse de 3 doigts, par exemple, est une éclipse dans laquelle le quart de l'astre est obscurci.

Le diamètre de la Lune apogée est plus petit que celui du Soleil périgée; c'est pourquoi si dans cette circonstance il arrive une éclipse de Soleil centrale, on voit le disque du Soleil déborder autour de celui de la Lune, et former un anneau lumineux, qui fait donner à cette éclipse le nom d'*annulaire*. Si, au contraire, au moment d'une éclipse de Soleil centrale, cet astre est apogée, et la Lune périgée, il est totalement éclipsé pendant deux minutes; les ténèbres prennent la place du jour, et l'on voit les étoiles en plein midi.

DE LA DURÉE DES ÉCLIPSES.

La terre et la Lune étant beaucoup plus petites que le Soleil, leurs ombres ont la forme d'un cône et se terminent en pointe. L'ombre de la Terre, arrivée à la Lune, a encore 1100 lieues de diamètre; c'est pourquoi la Lune, dont le diamètre n'est que de 780 lieues, peut être entièrement obscurcie. L'ombre de la Lune, quand elle arrive jusqu'à la Terre, n'a que 60 lieues de diamètre au plus, dans les éclipses totales de Soleil; ainsi il n'y a qu'une petite partie de la Terre qui puisse être obscurcie: et les habitans de la Lune, s'il y en a, voient l'ombre de leur planète se promener sur notre globe, sous la figure d'un petit point noir de 80 lieues de circonférence. Les plus longues éclipses de Soleil ne vont pas à 3 heures; les plus longues de Lune ne vont pas à 5.

Les éclipses reviennent à-peu-près dans le même ordre au bout de dix-huit ans et dix jours: cette remarque importante et curieuse, qui avait été faite plus de 600 ans avant l'ère vulgaire, servit peut-être à Thalès pour prédire aux Ioniens une éclipse totale de Soleil qui arriva pendant la guerre des Lydiens et des Mèdes.

REMARQUES CURIEUSES.

Le calcul des éclipses est la chose qui étonne le plus dans les recherches des astronomes; mais c'est parce que le spectale en est plus frappant pour le public; car la difficulté n'est pas plus grande que celles des autres parties de l'astronomie. Les éclipses totales de Soleil sont surtout remarquables; on passe dans un instant du jour le plus éclatant à une obscurité pareille à celle de la nuit, et même plus sensible et plus frappante; les chevaux sont obligés de s'arrêter dans le milieu du chemin, ne sachant où mettre le pied; la rosée commence à tomber par l'interruption subite de la chaleur; les oiseaux même retombent vers la terre par l'effroi que leur cause une si triste obscurité. Il n'y a eu depuis long-temps à Paris d'autre éclipse totale, que celle du 22 mai 1724, et il n'y en aura point dans le dix-neuvième siècle, il y aura seulement une éclipse annulaire en 1847 comme en 1748 et 1764, dans lesquelles le Soleil déborde la Lune tout autour, et forme un anneau de lumière.

ANECDOTES HISTORIQUES.

Nicias, général des Athéniens, avait résolu de quitter la Sicile avec son armée; une éclipse de Lune dont il fut frappé, lui fit perdre le moment favorable, et fut cause de la mort du général et de la ruine de son armée; perte si funeste aux Athéniens, qu'elle fut l'époque de la décadence de leur patrie. Alexandre même, avant la bataille d'Arbelle, fut obligé de rassurer son armée effrayée d'une éclipse de Lune. Il fit avertir les astronomes égyptiens; il ordonna des sacrifices au Soleil, à la Lune et à la Terre, comme aux divinités qui causaient ces éclipses.

On voit au contraire d'autres généraux à qui leurs connaissances en astronomie ne furent pas inutiles ; Périclès conduisait la flotte des Athéniens, il arriva une éclipse de soleil qui causa une épouvante générale ; le pilote même tremblait : Périclès le rassura par une comparaison familière ; il prit le bout de son manteau, et lui en couvrant les yeux, il lui dit : Crois-tu que ce que je fais là, soit un signe de malheur ? Non, sans doute, dit le pilote. Cependant c'est aussi une éclipse pour toi ; et elle ne diffère de celle que tu as vue, qu'en ce que la Lune étant plus grande que mon manteau, elle cache le Soleil à un plus grand nombre de personnes.

Agatoclès, roi de Syracuse, dans une guerre d'Afrique, voit aussi, dans un jour décisif, la terreur se répandre dans son armée, à la vue d'une éclipse ; il se présente à ses soldats, il leur en explique les causes, et il dissipe leurs craintes.

Tacite parle d'une éclipse dont Drusus se servit pour appaiser une sédition. On raconte des traits de cette espèce à l'occasion de Sulpitius Gallus, lieutenant de Paul Émile dans la guerre contre Persée, et de Dion, roi de Sicile. Christophe Colomb, à la Jamaïque, profita d'une éclipse de Lune qui devait avoir lieu, pour obliger les sauvages à le délivrer d'une situation très-critique ; et nous-mêmes nous nous servons de l'astronomie pour affranchir le public des terreurs que l'astrologie et les comètes n'ont que trop souvent répandues. En 1186, il y eut une conjonction de toutes les planètes. On disait qu'elle causerait des malheurs inouis, mais cette année se passa comme les autres.

CHAPITRE IX.

DES PLANÈTES.

Observations préliminaires. — Mercure. — Vénus. — Mars. — Jupiter. — Saturne. — Uranus. — Vesta. — Junon. — Cérès. — Pallas. — Remarques, conjectures et observations curieuses sur les quatre dernières planètes. — Influence des planètes sur la Terre. — De la pluralité des mondes. — Manière de mesurer la distance des planètes à la Terre. — Remarques sur les différentes grosseurs et les distances respectives des planètes.

OBSERVATIONS PRÉLIMINAIRES.

En exposant le système planétaire dans notre 3e chapitre, nous n'avons parlé des planètes qu'autant que cela était nécessaire pour faire comprendre ce système; nous nous occuperons ici de chacune des planètes en particulier, à l'exception de la Terre, qui étant le globe le plus intéressant pour nous, méritait qu'on lui consacrât un plus grand espace, ainsi que nous l'avons fait au chapitre V.

Les planètes sont des astres qui sont très-près de nous en comparaison des étoiles fixes ; elles ne jouissent que d'une lumière empruntée, qu'elles reçoivent du Soleil, centre de leur mouvement; elles tournent autour de cet astre en décrivant des circonférences elliptiques plus ou moins étendues ; leur révolution est, en raison de cette étendue, plus ou moins longue; leur volume varie aussi beaucoup : ainsi, les unes sont plus petites que la Terre, les autres sont beaucoup plus grosses. La plupart ont, comme la Lune, des phases sensibles que l'on reconnaît dans Vénus à la vue simple. Toutes ont un double mouvement d'occident en orient, dans leur orbite et sur elles-mêmes.

Les planètes sont très-ressemblantes aux étoiles : mais on peut cependant les en distinguer facilement, 1° parce qu'elles ne s'écartent pas de l'écliptique, ou, plus exactement, du plan de ce cercle, 2° qu'elles ont un mouvement de progession très-sensible, qui change tous les jours leur rapport de situation avec les étoiles fixes ; 3° qu'elles n'ont point ou qu'elles ont peu de scintillation. D'ailleurs, on ne rencontre dans l'étendue du zodiaque, où l'on cherche les planètes, que quatre étoiles fixes de première grandeur, avec lesquelles on pourrait les confondre.

MERCURE.

Mercure est de toutes les planètes connues, celle qui est la plus près du Soleil, et l'orbite qu'il décrit autour de cet astre est la plus excentrique de toutes : car arrivé au point le plus rapproché du Soleil, ou à son *périhélie*, Mercure est à neuf millions de lieues de cet astre ; et dans son *aphélie*, ou son plus grand éloignement du Soleil, il en est à seize millions de lieues.

Sa proximité du soleil faisant disparaître cette planète dans les rayons solaires, on n'a pu se convaincre d'une manière positive qu'elle tournât sur elle-même; mais pour que Mercure n'eût pas de mouvement diurne, il faudrait que la force motrice qui agit si puissamment sur tout les astres, passât précisément par son centre, et comme ce centre n'est qu'un point, est-il vraisemblable que cette planète seule ne soit pas soumise à la loi générale, et que la moitié de son globe soit constamment privée des influences bénignes du soleil? Au reste, depuis quelques années, plusieurs astronomes croient avoir reconnu que Mercure tourne sur lui-même en 24 heures 5 minutes et 3 secondes.

La révolution de Mercure autour du soleil a été bien constatée; elle s'accomplit en 87 jours, 23 heures, 25 minutes et 44 secondes.

Le diamètre de Mercure étant de 1166 lieues, il a donc à peu-près 3,775 lieues de circonférence. On a remarqué à sa surface, des montagnes énormes, dont quelques unes n'ont pas moins de quatre lieues de hauteur. En supposant que la chaleur émane positivement du soleil, il en résulterait que la chaleur que reçoit cette planète, serait sept fois plus forte que celle que nous ressentons; quelques astronomes prétendent que cette chaleur excessive est tempérée par une atmosphère très-épaisse; mais que devient cette conjecture si l'on accepte comme vraie cette proposition en faveur de laquelle tout se réunit, à savoir que les rayons du soleil n'ont point de chaleur par eux-mêmes, et qu'ils n'en acquièrent qu'en traversant notre atmosphère? Les conjectures sont de notre domaine, Dieu seul sait la vérité.

VÉNUS

Cette planète est plus éloignée du Soleil que Mercure : sa distance moyenne de cet astre est de vingt-cinq millions de lieues. Elle est ronde, opaque, reçoit la lumière du Soleil, et a des phases comme la Lune. Son diamètre réel est de plus de deux mille huit cent lieues. Malgré sa grandeur, elle est une des plus difficiles à voir au télescope, à cause de son éclat et de la scintillation de sa lumière. Elle décrit son orbite autour du Soleil dans l'espace de deux cent vingt-quatre jours, seize heures, quarante-neuf minutes, huit secondes. Sa vitesse moyenne dans l'espace, est de vingt-neuf mille lieues par heure. Dans son mouvement de translation, elle passe quelquefois devant le Soleil, et alors elle s'aperçoit comme un point noir sur le disque lumineux de cet astre. Son mouvement de rotation se fait dans l'espace de vingt-trois heures, vingt-une minutes. Son axe de rotation n'est pas situé dans le plan de son orbite. La chaleur y est beaucoup plus forte qu'à la surface de la Terre : on lui suppose une atmosphère plus dense que la nôtre.

Ces deux planètes font le tour du ciel en compagnie avec le Soleil dont elles ne s'éloignent jamais que dans certaines limites. Tantôt elles sont à l'est, tantôt à l'ouest de cet astre. Dans le premier cas, elles brillent après son coucher, et se nomment étoiles du soir ; dans le second, elles brillent avant son lever, et on leur donne le nom d'étoiles du matin : on les appelle aussi *étoiles du berger*.

Les autres planètes ne se trouvant jamais entre la Terre et le Soleil, leurs phases sont insensibles.

MARS.

Mars est la planète que l'on voit immédiatement au-dessus de la terre, dans l'ordre de notre système et par conséquent plus éloignée qu'elle du Soleil. Mars ne paraît point être incliné sur son orbite; on doit en couclure qu'il n'éprouve pas de changement de saison; que la température de son atmosphère est toujours la même, et que les jours sont constamment égaux aux nuits sur toute la surface de son globe.

Plusieurs parties de cette planète n'offrent à nos regards qu'une faible clarté, et l'on y remarque plus particulièrement une large bande, sans clarté, désignée sous le nom de *ceinture de Mars*. Quelques savans croient que ce manque d'éclat provient d'eau congelée; nous pensons que cela devrait produire un effet tout contraire, ainsi que cela arrive quand le Soleil darde ses rayons sur un miroir ou sur tout autre surface unie et solide. D'autres disent, et cela nous paraît plus vraisemblable, que ce sont autant de mers ayant conservé leur fluidité, et que l'eau étant diaphane, elle ne peut réfléchir aussi facilement la lumière du Soleil que le font les corps opaques.

La lumière de Mars est brillante et imite l'éclat d'un rubis pâle, ce que les physiciens attribuent à la densité de l'atmosphère de cette planète.

La moyenne distance de Mars au Soleil est d'un peu plus de cinquante-deux millions de lieues; son orbite est très-excentrique, son aphélie diffère donc beaucoup de son périhélie; il fait sa révolution autour du Soleil en 686 jours, 23 heures, 30′ et 42″, et il tourne sur lui-même en 24 heures 31′ et 22″.

La circonférence de son globe est d'environ six mille de nos lieues.

JUPITER.

Jupiter est la plus grosse et la plus belle des planètes connues, sa circonférence est de quatre-vingt dix-huit mille lieues.

On reconnaît facilement cette planète dans le ciel, lorsqu'elle arrive au méridien pendant la nuit, elle est alors très-brillante, répand beaucoup de clarté, et sa couleur est claire et argentine.

C'est de toutes les planètes celle qui est le plus aplatie vers les pôles ; et c'est même si sensible que l'on s'en convaincra facilement avec l'aide d'un télescope. C'est à cet aplatissement considérable que l'on attribue la rapidité de ses mouvemens. Elle fait sa révolution autour du Soleil en onze ans et 33 jours, et sur elle-même en 9 heures 56 minutes.

La moyenne distance de Jupiter au Soleil est de cent-quatre-vingt millions de lieues. Il offre sur sa surface plusieurs zônes ou ceintures blanchâtres que l'on désigne sous le nom de *bandes de Jupiter*.

Cette planète a quatre satellites qui circulent constamment autour d'elle.

SATURNE.

Le volume de cette planète est près de mille fois plus considérable que celui de la terre ; il est accompagné de sept satellites. C'est un corps rond et opaque qui se meut dans l'espace, accompagné d'une bande ou anneau circulaire de même nature que lui, et dont la masse est immense. Cet anneau, qui ne le touche pas, se divise lui-même en deux autres qui sont concentriques et peu distans l'un de l'autre. Tout ce système participe de deux mouvemens différens : l'un, de rotation sur lui-même, qui se fait pour la planète proprement dite en dix heures, dix-huit minutes, pour l'anneau en dix heures vingt-neuf minutes, dix-sept secondes ; l'autre, de translation autour du Soleil, se fait avec une vitesse parfaitement égale pour la planète et pour l'anneau dans un espace de dix mille sept cent cinquante-neuf jours, deux mille cent quatre-vingt-dix millièmes de jour. L'axe de rotation est perpendiculaire au plan de l'anneau, et reste ainsi que lui toujours parallèle à lui-même pendant le mouvement de translation. Les ombres portées par le côté de l'anneau le plus voisin du Soleil sur la planète et par la planète sur le côté opposé de l'anneau ont fait voir que cette planète et l'anneau sont opaques et éclairés par le Soleil. Sa lumière est pâle et terne. On lui suppose une atmosphère. Voici le tableau des dimensions de ses diverses parties.

Sa distance du Soleil est de trois cent vingt-trois millions de lieues. Durant sa révolution autour du Soleil, qui dure à peu près trente ans, il est visible pour nous pendant quinze ans et invisible pendant le même temps. Il est visible tant qu'il nous montre la face que le Soleil éclaire, invisible quand il nous montre sa face opposée au Soleil.

URANUS.

Uranus a été d'abord désigné sous le nom d'*Herchel*, à qui l'on en doit la découverte. Il au-delà de Saturne ; c'est la planète la plus éloignée du Soleil ; sa moyenne distance de cet astre étant de plus de six cents millions de lieues. Son diamètre est de douze mille lieues ; son volume est à peu près quatre-vingt fois plus considérable que celui de la terre.

Il fait sa révolution autour du Soleil dans l'espace de trente mille six cent quatre-vingt-six jours, huit mille deux cent, huit dix-millièmes de jour. Il est accompagné de plusieurs satellites dont le nombre est au moins de deux et peut-être de cinq ou six.

VESTA.

Cette planète a été découverte par Olbers, en 1807. Sa distance du Soleil est de quatre-vingt millions de lieues. La durée de sa révolution autour du Soleil est de mille trois cent vingt-cinq jours, sept mille quatre cent trente-un dix-millièmes de jour. Son orbite est très-allongée et paraît sujet à de grandes variations.

JUNON.

Sa distance du Soleil est de quatre-vingt-dix millions de lieues. Elle fait sa révolution autour du Soleil en mille cinq cent quatre-vingt-douze jours, six mille six cent huit dix-millièmes de jour.

CÉRÈS

Sa distance du Soleil est de quatre-vingt-quatorze millions de lieues ; la durée de sa révolution autour du Soleil, de mille six cent quatre-vingt-un jours, trois mille neuf cent trente-un dix-millièmes de jour.

PALLAS.

Distance du Soleil comprise entre quatre-vingt-quatorze et quatre-vingt-quinze millions de lieues. Durée de sa révolution autour de cet astre, mille six cent quatre-vingt-six jours, cinq mille trois cent quatre-vingt-huit dix-millièmes de jour.

REMARQUES,

CONJECTURES, OBSERVATIONS CURIEUSES SUR CES QUATRE DERNIÈRES PLANÈTES.

L'extrême petitesse de ces quatre dernières planètes, *Vesta*, *Junon*, *Cérès* et *Pallas*, a été jusqu'à présent un obstacle presque insurmontable à leur étude. Quelques savans pensent que, anciennement, ces quatre petites planètes n'en formaient qu'une seule, qui a été subitement brisée par le choc d'une comète; dans ce cas on peut demander ce qu'est devenue cette planète, et comment il serait possible de justifier à son égard l'absence de l'effet de la gravitation, qui force les corps les plus faibles d'obéir à la puissance irrésistible des plus forts, en les entraînant avec eux.

On a remarqué que l'orbite de Vesta qui, ainsi que nous l'avons dit, est sujet à de grandes variations, traverse les orbites des trois autres petites planètes; ainsi il est possible qu'un jour Vesta rencontre l'une de ces planètes aux points de jonction de ces orbites, ce qui causerait de nouvelles modifications.

La pesanteur à la surface de ces planètes est proportionnée à la petitesse de leur masse; ainsi un homme placé à la surface de l'une d'elles, sauterait facilement à une hauteur de plus de soixante pieds, et retomberait sans éprouver plus de secousse qu'en tombant d'une hauteur de trois pieds à la surface de la Terre. Il est cependant très-probable que ces planètes sont habitées; car elles sont pourvues d'un atmosphère ; celui de Pallas est même d'une grande étendue. Dans tous les cas, s'il s'y trouve des hommes, ils doivent être d'une taille telle, que les Lilliputiens seraient des géans auprès d'eux.

INFLUENCE DES PLANÈTES
SUR LA TERRE.

Il semblerait qu'en raison de leur éloignement de la Terre, les planètes devraient n'y exercer aucune influence sensible ; cependant de très-grands observateurs ont affirmé cette influence des planètes, soit isolément, soit dans leurs positions respectives, leurs conjonctions, leurs oppositions. Ils assurent que Saturne, en opposition ou en conjonction avec une autre planète, amène des vents froids; que les mêmes rapports entre Jupiter et les autres planètes font régner des vents impétueux ; que le Soleil et Mars amènent la sérénité et réjouissent la nature; que Mercure bouleverse l'atmosphère et rend le ciel inconstant.

On a cru aussi remarquer que l'opposition de plusieurs planètes dans le même hémisphère céleste exerce une influence puissante sur la température ; qu'elle l'augmente ou la diminue considérablement; que les étés très-chauds et très-prolongés ont eu lieu sous cette influence, comme celui de 1811, remarquable par une comète d'une grande dimension, et qui sembla repousser l'hiver en inondant l'atmosphère de ses feux; tel fut encore l'été de 1818 et celui de 1825, où l'on put observer presqu'en même temps, au-dessus de l'horizon, le Soleil, la Lune, Mercure, Vénus, Jupiter, Saturne et Herschell.

Quelques médecins ont pensé que les aspects de Saturne et de Jupiter, de Saturne et de Mars, sont les avant-coureurs des maladies épidémiques et contagieuses, les plus terribles. On a remarqué, en effet, que la fièvre meurtrière qui ravagea l'Europe en 1127, eut lieu après la conjonction de Saturne et de Jupiter. La conjonction de Jupiter, de Saturne et de Mars, précéda celle de 1348; la conjonction de Saturne et de Mars, la fièvre contagieuse de 1478. Mais ces faits ne mériteraient la confiance des hommes, que s'ils étaient les fruits d'observatious constantes et souvent renouvelées.

DE LA PLURALITÉ DES MONDES.

La pluralité des mondes est une idée si séduisante que nous y revenons souvent. Les Pythagoriciens et les Epicuriens soutenaient autrefois que les astres étaient autant de mondes comme le nôtre, c'est-à dire habités comme la Terre, et qu'il y en avait même une infinité d'autres hors de la portée de notre vue. Aujourd'hui nous devons distinguer les étoiles des planètes; nous ne pouvons comparer qu'avec le Soleil, toutes les étoiles qui ont évidemment une lumière propre, et nous ne saurions supposer qu'il y ait des êtres organisés dans des feux qui doivent détruire toute organisation. Mais ces Soleils ont des planètes comme celles de notre système, et ces planètes peuvent être habitées.

« Supposons, dit Fontenelle, qu'il n'y ait jamais

» eu nul commerce entre Paris et Saint-Denis, et » qu'un bourgeois de Paris qui ne sera jamais sorti » de sa ville, soit sur les tours de Notre-Dame et » voie Saint-Denis de loin; on lui demandera s'il » croit que Saint-Denis, soit habité comme Paris, » il répondra hardiment que non : car, dira-t-il, » je vois bien les habitans de Paris, mais ceux » de Saint-Denis, je ne les vois point, et on n'en » a jamais entendu parler; il y aura quelqu'un qui » lui représentera qu'à la vérité, quand on est sur » les tours de Notre-Dame, on ne voit pas les ha- » bitans de Saint-Denis, mais que l'éloignement » en est cause; que tout ce qu'on peut voir de » Saint-Denis ressemble fort à Paris; que Saint- » Denis a des clochers, des maisons, des murailles, » et qu'il pourrait bien encore ressembler à Paris » pour ce qui est d'être habité. Tout cela ne » gagnera rien sur notre bourgeois; il s'obstinera » toujours à soutenir que Saint-Denis n'est point » habité, puisqu'il n'y voit personne. Notre Saint- » Denis, c'est la Lune, et chacun de nous est ce » bourgeois de Paris qui n'est jamais sorti de sa » ville. »

Nous voyons onze planètes autour du Soleil, la Terre est la troisième; elles tournent toutes les onze dans des orbites elliptiques; elles ont un mouvement de rotation comme la Terre; elles ont comme elle des taches, des inégalités, des montagnes, et il y en a qui ont des satellites, et la Terre en est une; Jupiter est aplati comme la Terre; enfin il n'y a pas un seul caractère visible de ressemblance qui ne s'observe réellement entre les planètes et la Terre : est-il naturel de supposer que l'existence des êtres vivans et pensans soit restreinte à la Terre? Sur quoi serait fondé ce privilége, si ce n'est peut-être sur l'imagination superstitieuse et timide de ceux qui ne peuvent s'élever au-delà des objets de leurs sensations immédiates ?

Aussi Buffon ne fait aucune difficulté de calculer l'époque à laquelle les planètes ont dû commencer d'être habitées, lorsque, après une longue incandescence, elles ont commencé à s'éteindre et à se refroidir ; il trouve qu'il a fallu trente-quatre mille ans à la Terre pour devenir habitable; qu'elle a pu l'être depuis quarante-un mille ans, et que dans quatre-vingt-treize mille le refroidissement sera tel que la Terre congelée sera incapable d'entretenir aucune organisation ni aucune végétation.

Il n'en est pas de même, suivant Buffon, de Jupiter, qui, beaucoup plus gros que la Terre, conserve aussi bien plus long-temps sa chaleur ; il ne commencera que dans trente-quatre mille ans à pouvoir être habité ; mais il conservera une chaleur suffisante pendant trois cent soixante et quatorze mille ans.

Ceux qui sont accoutumés à regarder le Soleil comme la cause de la chaleur que nous éprouvons sur la Terre, auront de la peine à concevoir ce refroidissement ; mais M. de Buffon, ainsi que Mairan, ont donné de fortes raisons pour croire que la chaleur de la Terre vient du centre même de notre globe, et que celle du Soleil n'est qu'une très-petite partie de la chaleur que nous éprouvons, et dont nous avons besoin pour subsister. En effet, la chaleur du Soleil pénètre si peu la Terre que, dans les caves comme celles de l'observatoire, on ne s'aperçoit pas de la chaleur de l'été ni du froid de l'hiver : le thermomètre y est toujours à 10 degrés.

Mais le systême de la pluralité des mondes, part

d'un principe que d'autres philosophes n'admettent point; c'est que la Terre a été faite pour être habitée; ou du moins que ses habitans en font la première utilité et le mérite principal; d'où la plupart des philosophes concluent que les planètes ne serviraient à rien si elles n'étaient pas habitées; idée peut-être trop étroite et trop présomptueuse. Que sommes-nous, peut-on leur dire, en comparaison de l'Uunivers? en connaissons-nous l'étendue, les propriétés, la destination, les rapports? et quelques atomes d'une si frêle existence peuvent-ils intéresser l'immensité de ce grand tout, ou ajouter quelque chose à la perfection, à la grandeur et au mérite de l'Univers? Aussi d'Alembert, traitant cette question dans l'Encyclopédie, finit par dire: « On n'en sait rien. »

MANIÈRE

DE MESURER LA DISTANCE DES PLANÈTES A LA TERRE.

Ce qui surprend le plus les personnes qui n'ont pas étudié l'astronomie, c'est que l'on ait pu déterminer la distance de la Terre aux planètes. Cette distance se détermine cependant au moyen d'une observation fort simple.

Pour connaître l'éloignement d'une planète, il suffit de savoir quelle différence on trouve en la regardant de différens endroits de la Terre; car plus un objet est près de nous, plus il paraît changer de position quand on change de place pour le regarder. Quand nous montons, les objets paraissent descendre; quand nous sommes aux Tuileries, les arbres nous paraissent élevés; si nous allons au haut du bâtiment, ils nous paraissent abaissés, parce que le rayon visuel, par lequel nous les voyons, s'incline ou s'abaisse à mesure que notre œil est plus haut. Cette différence, quand il s'agit des astres, s'appelle *parallaxe*, c'est-à-dire changement.

Ne craignons point de nous servir du terme de *parallaxe*, quoiqu'il paraisse trop scientifique ; l'usage en sera commode, et ce terme explique un effet qui est bien familier et bien simple. Si l'on est au spectacle derrière une femme dont le chapeau soit trop grand, et empêche de voir la scène, on se retire à droite ou à gauche, on s'élève ou l'on s'abaisse ; tout cela est une parallaxe, une diversité d'aspect, en vertu de laquelle le chapeau paraît répondre à un autre endroit du théâtre que celui où sont les acteurs.

C'est ainsi qu'il y a une éclipse de Soleil en Afrique, tandis qu'il n'y en a point à Paris, et que nous voyons parfaitement le Soleil, parce que nous sommes assez haut pour que la Lune ne puisse pas nous le cacher.

Supposons deux observateurs qui soient diamétralement opposés sur la Terre, c'est-à-dire aux antipodes l'un de l'autre, et qui aient observé la Lune en même temps ; à leur retour, s'ils comparent leurs observations, ils trouveront que la Lune paraissait plus élevée de deux degrés pour l'un que pour l'autre, pourvu qu'ils aient tous deux rapporté la Lune à la même étoile pour juger de sa situation.

Ainsi, d'après les observations, la largeur entière de la Terre produit deux degrés de différence ou un angle sur la position de la Lune, c'est-à-dire que les rayons visuels des deux observateurs sont inclinés l'un à l'autre de deux degrés. Si on veut savoir ce qui en résulte pour l'éloignement de la Lune, on n'a qu'à faire sur un carton un angle de deux degrés, c'est-à-dire, tirer deux lignes qui fassent entre elles un angle de deux degrés; on verra que l'écartement de ces lignes est partout la 29e partie de leur longueur ou environ; d'où il suit que les deux rayons visuels qui des deux extrémités de la Terre vont faire sur la Lune un angle de deux degrés, sont 30 fois plus longs que leur écartement, qui est le diamètre de la Terre; donc ce diamètre étant de 2,900 lieues, l'éloignement de la Lune est de 84 mille lieues environ.

La parallaxe peut même se reconnaître dans un seul endroit, en observant avec soin une planète quand elle se lève et quand elle se couche, et qu'elle est tout près d'une étoile. Pour le bien comprendre, il faut considérer que la parallaxe, qui abaisse toujours la planète, produit cependant un résultat différent à l'orient et à l'occident; à l'orient, le parallaxe fait paraître la planète plus orientale que l'étoile, et à l'occident elle la fait paraître plus occidentale; ainsi, la planète paraîtra s'écarter de l'étoile en deux sens différens; et si l'on observe avec grand soin cette différence du levant au couchant, dans le cours d'une même nuit, on reconnaîtra la quantité de la parallaxe, comme par les observations faites en deux pays éloignés; et l'on en conclura de même la distance de la planète.

Les passages de Vénus, observés en 1761 et 1769, nous ont procuré le moyen de déterminer exactement la distance du Soleil à la Terre, au moyen des grands voyages qu'on a entrepris pour les observer à la fois dans des pays très-éloignés. Deux observateurs à deux mille lieues l'un de l'autre, regardant Vénus sur le Soleil, la voyaient par des rayons différens ou des directions différentes, et par conséquent la voyaient répondre à des points différens du disque solaire. L'un la voyait sortir de dessus le Soleil plutôt que l'autre, et la différence était de plus d'un quart-d'heure. Cette différence, étant bien observée, a fait connaître de quelle manière se croisent les rayons qui, des deux extrémités de la Terre, vont se diriger au Soleil, et par conséquent quelle est la distance du Soleil; car l'angle est d'autant plus ouvert que le sommet en est plus près, comme nous l'avons déjà expliqué; l'on ne juge de l'éloignement d'un objet dans le ciel, ainsi que sur la Terre, que par l'effet ou le changement que produit la distance entre deux observateurs.

Nous ne pouvons rien dire de la distance des étoiles, elles sont si éloignées, qu'il n'y a aucun moyen d'éprouver une parallaxe; il n'y a rien à notre portée qu'on puisse leur comparer, et ce n'est jamais que par des comparaisons qu'on peut avoir des mesures. Si quelque chose pouvait nous donner un terme de comparaison, ce serait l'orbite que la Terre décrit en un an; mais quoiqu'elle ait 68 millions de lieues, cependant lorsque la Terre est à une des extrémités de cette immense orbite, nous voyons les étoiles de la même manière, et dans la même direction que quand nous sommes à l'autre extrémité; s'il y avait une différence d'une seule seconde, qui fait un deux cent millième de la distance, nous nous en apercevrions dans les observations faites à six mois de distance; mais il semble qu'il n'y a pas même cette petite différence, et dans ce cas, les étoiles seront pour le moins 400 mille fois plus loin que le Soleil, ou à plus de quatorze millions de millions de lieues.

Quand on connaît la distance d'une planète, et l'angle sous lequel elle nous paraît, il est aisé de savoir de quelle grandeur elle est, ou de connaître son vrai diamètre. Par exemple, si la Lune nous paraît d'un demi degré, c'est la cent quatorzième partie du rayon d'un cercle; il faut qu'elle soit 114 fois plus petite que la distance à laquelle nous la voyons, et comme cette distance est de 86 mille lieues, il s'ensuit que le diamètre de la Lune est d'environ 830 lieues.

REMARQUES

SUR LES DIFFÉRENTES GROSSEURS ET LES DISTANCES RESPECTIVES DES PLANÈTES.

Si nous voulons nous former une idée de l'extrême petitesse des planètes relativement au Soleil, de leurs distances respectives à cet astre, et de l'espace immense qui sépare les étoiles fixes de notre système planétaire, supposons le diamètre du globe terrestre, d'une ligne seulement, au lieu de 2864 lieues qu'il a réellement; et réduisons, dans la même proportion, la grosseur et la distance des globes célestes. D'après cette échelle,

Le diamètre de la Lune sera. . . . $\frac{1}{11}$ de ligne.
. . . . . . de Mercure . . . . . $\frac{2}{5}$
. . . . . . de Vénus . . . . $\frac{9}{10}$
. . . . . . de Mars. . . . . $\frac{6}{11}$
. . . . . . de Jupiter. . . 11 lignes.
. . . . . . de Saturne. . . 10
. . . . . . d'Uranus . . . 4 . . $\frac{1}{5}$
. . . . . . du Soleil 9 pouc. 4 . . . .

D'où il suit, que la grosseur des sphères étant comme le cube de leurs diamètres respectifs, le volume de toutes ces planètes réunies, n'est pas la 600me partie de celui du Soleil.

Dans la même supposition du diamètre de la Terre, réduit à une ligne et pris pour échelle, la distance

de la Lune à la Terre sera. . . 2 pouces 6 lignes.
de Mercure au Soleil 5 toises 1 pied.
de Vénus. . . . 9 toises 5 pieds.
de la Terre. . . . 13 t. . . . 5 pi.
de Mars . . . . . 18 t. . . . 4 pi.
de Jupiter. . . . 72 t. . . . 1 pi.
de Saturne . . . . 132 t.
d'Uranus . . . . . 264 t.

des étoiles même les plus voisines, 1254 lieues; distance 200,000 fois au moins plus grande que les 34 millions de lieues que l'on compte d'ici au Soleil; distance énorme et presque inconcevable, en comparaison de laquelle le Soleil et la Terre se touchent, et ne forment qu'un point imperceptible.

CHAPITRE X.

DES SATELLITES.

Ce qu'on entend par satellites. — Satellites de Jupiter. — Satellites de Saturne. — Satellites d'Uranus.

LIEU DES PLANÈTES SUPÉRIEURES DANS L'ÉCLIPTIQUE.

Ce qu'on entend par satellites.

Les satellites sont des planètes secondaires qui tournent autour des principales planètes, et qui sont emportées par ces dernières dans leur révolution autour du Soleil. Ainsi la Lune est le satellite de la Terre; Jupiter, qui est beaucoup plus éloigné du Soleil, a quatre Lunes; Saturne, qui est une fois plus éloigné que Jupiter, en a 7, et outre cela un anneau lumineux qui l'environne. On en a déjà découvert 6 à Uranus. Tous ces satellites ne peuvent s'apercevoir qu'à l'aide d'excellentes lunettes: ils sont, aussi bien que Jupiter et Saturne, des corps opaques, puisqu'ils les éclipsent et en sont éclipsés tour à tour.

SATELLITES DE JUPITER.

Ces quatre satellites furent découverts, en 1610, par Galilée; ce fut le premier résultat qu'il obtint des lunettes d'approche qu'il avait faites. Nous voyons ces satellites passer devant Jupiter et ensuite derrière, et nous les voyons s'éclipser lorsqu'ils passent dans l'ombre que Jupiter répand derrière lui, comme la Lune lorsque la Terre lui intercepte la lumière du Soleil. Les astronomes font un grand usage de ces éclipses pour déterminer les longitudes. La géographie s'est considérablement perfectionnée par le secours du premier satellite de Jupiter, qui, s'éclipsant tous les deux jours, fournit des occasions continuelles aux voyageurs pour déterminer des longitudes, tandis qu'ils observent des latitudes par le moyen de la hauteur du Soleil ou de celles des étoiles; or, dès qu'on connaît la longitude et la latitude d'un lieu de la Terre, on est en état de le marquer sur les cartes et sur les globes, et de le trouver avec certitude dans un autre voyage. C'est là l'objet des expéditions entreprises par le capitaine Cook, par Bougainville, par la Pérouse et par beaucoup d'autres.

SATELLITES DE SATURNE.

Ces satellites ont été découverts par Huygens, en 1,655; par Cassini, en 1,671, et par Herschel, en 1,789. Le plus éloigné l'emporte de beaucoup sur les autres par ses dimensions. On pense aussi qu'il tourne sur lui-même dans le même temps qu'autour de la planète. Le plus éloigné après lui se voit encore facilement. Les trois qui viennent ensuite sont très-petits et difficiles à voir, et les deux autres qui effleurent les bords de l'anneau, se meuvent dans son plan, n'ont été vus que dans des circonstances particulières et avec les télescopes les plus forts qu'on ait pu construire.

SATELLITES D'URANUS.

Herschel affirme avoir découvert six satellites à Uranus, et quelques astronomes prétendent que, en outre, cette planète est entourée d'un anneau comme celui que l'on voit à Saturne; mais ces corps célestes sont à une si grande distance de nous, et si peu considérables, qu'il est bien difficile de les voir, même avec les meilleurs instrumens. L'existence de deux satellites d'Uranus est constatée; celle des quatre autres n'est que soupçonnée. Une chose remarquable, c'est que les deux satellites connus se meuvent en sens contraire. L'un fait sa révolution autour d'Uranus en huit jours, seize heures, cinquante six minutes, cinq secondes; l'autre en treize jours, onze heures, huit minutes, cinquante neuf secondes. Les astronomes n'expliquent pas, ou expliquent mal, cette particularité de mouvement, et c'est un argument contre le système de l'attraction. En serait-il de cette belle découverte de Newton, comme des tourbillons de Descartes? C'est ce que l'avenir peut seul nous apprendre.

LIEU DES PLANÈTES SUPÉRIEURES DANS L'ÉCLIPTIQUE.

Le cercle que les planètes semblent décrire à l'équateur terrestre, se nomme écliptique, parce que c'est dans son étendue que les éclipses ont lieu. Les anciens astronomes avaient donné à l'écliptique

16 degrés de largeur. Les planètes qui leur étaient connues ne dépassaient jamais cette limite; mais celles que l'on a nouvellement découvertes vont bien au de là. L'orbite de Cérès est incliné de 10 degrés à l'écliptique; celui de Junon, de près de 13, celui de Pallas, de 35.

Voici l'inclinaison de l'orbe ou du cercle parcouru par les anciennes planètes, sur l'écliptique, ou l'orbite terrestre :

Jupiter. . . . . . . 1° 20' ou un degré 1/3.
Mars. . . . . 1° 48' ou un degré 3/4.
Saturne. . . . . . 2° 30' ou deux degrés 1/2.
Vénus . . . . . . 3° 24' ou trois degrés 2/5.
La Lune. . . . . 5° 7' ou cinq degrés 1/8.
Mercure. . . . . . 7° ou sept degrés.

Herschel a le plan de son orbite presque parallèle à celui de l'écliptique; il n'a que 45' ou 3/4 d'un degré d'inclinaison.

Ce cercle a été divisé en douze parties, comprenant chacune 30 degrés, et une constellation ou un signe. C'est dans ces constellations que l'on indique la place des planètes pour chaque année.

Jupiter emploie douze ans à parcourir les signes du zodiaque; Saturne, environ trente ans; Uranus ou Herschel, quatre-vingt-deux ans. La première de ces planètes doit donc s'avancer chaque année de 30 degrés ou d'un signe, vers l'orient; la deuxième, de 12 degrés ou douze parties d'un signe; la troisième, de quatre degrés et un tiers environ. Ainsi, connaissant la place occupée par une planète dans le zodiaque, on peut, avec une ouverture de compas égale au nombre de degrés qu'elle parcourt dans un an, indiquer sa place pour l'année courante et pour les années suivantes.

C'est ainsi que l'on mesure le chemin d'un vaisseau qui marche sous le même rhumb de vent.

La planète d'Uranus ou d'Herschel a un mouvement si lent, que ce n'est qu'après plusieurs années que l'on peut perdre ses traces et avoir besoin de ces mesures pour la retrouver dans le zodiaque, ce qui est d'autant plus facile, que cet astre ne s'écarte que très-peu du plan de l'écliptique.

Mars parcourt en deux ans environ (687 jours), les douze signes du zodiaque. Ainsi, il passe d'un hémisphère à l'autre, en parcourant à peu près 180° en un an, et en un mois 15 de ces degrés : car 12 fois 15 valent 180, et deux fois ce nombre font 360°, qui complètent la révolution zodiacale. Ainsi, Mars, étant vu dans une constellation à une époque de l'année, sera, l'année suivante, dans la constellation opposée à celle-là, mais toujours un peu plus loin, parce que tous les ans il parcourt environ un demi-signe de plus, ce qui complète huit révolutions en quinze ans.

CHAPITRE XI.

DES COMÈTES.

Forme et dimension des comètes. — Mouvement des comètes. — Observations, remarques curieuses, anecdotes historiques relatives aux comètes. — Les comètes sont elles habitées?

FORME ET DIMENSION DES COMÈTES.

Les Comètes que l'ignorance a fait long-temps regarder comme des présages sinistres, sont aujourd'hui reconnues pour des astres de la même nature, et assujettis aux mêmes lois que les planètes. Elles n'en diffèrent qu'en ce qu'elles parcourent des ellipses extrêmement allongées, ce qui fait qu'elles ne se montrent que peu de temps à la fois, pour disparaître ensuite, et s'enfoncer dans l'immensité des espaces célestes pendant un grand nombres d'années, après quoi elles reparaissent de nouveau. Le Soleil autour duquel les comètes circulent, est assez près d'une des extrémités de l'ellipse.

On distingue principalement les comètes par ces traînées de lumière dont elles sont souvent entourées et suivies, qu'on appelle tantôt la chevelure, tantôt la queue de la comète; cependant il y a eu des comètes sans queue, sans barbe, sans chevelure : la comète de 1585, observée pendant un mois par Tycho, était ronde, elle n'avait aucun vestige de queue; seulement sa circonférence était moins lumineuse que le noyau, comme si elle n'eût eu à sa circonférence que quelques fibres lumineuses. La comète de 1665 était fort claire, et il n'y avait presque pas de chevelure; enfin la comète de 1682, au rapport de Cassini, était aussi ronde et aussi claire que Jupiter; ainsi l'on ne doit point regarder les queues des comètes comme leur caractère.

On a vu des queues se diviser en traînées de feu dont le nombre allait jusqu'à six; d'autres comètes n'avaient pas de queue. Les dimensions de ces queues sont énormes : la comète qui parut en 1680 avait une queue dont la longueur, après son passage au périhélie (point le plus près du Soleil), n'avait pas moins de 20 millions de lieues, et s'est élevée jusqu'à quarante-un millions. La queue de la comète de 1799 avait seize millions de lieues.

On aperçoit les plus petites étoiles à travers les comètes, bien que ces étoiles disparaissent derrière un brouillard léger qui ne s'étend qu'à quelques mètres au-dessus de la surface de la Terre; ce qui a fait supposer que ces comètes sont de grands amas de vapeurs subtiles qui tirent leur éclat des rayons solaires qui les traversent et sont réfléchis par toutes leurs parties.

MOUVEMENT DES COMÈTES.

Toutes les comètes paraissent tourner comme les autres astres, par l'effet du mouvement diurne; mais elles ont encore un mouvement propre, aussi bien que les planètes par lesquelles elles répondent successivement à différentes étoiles fixes. Ce mouvement propre se fait tantôt vers l'orient, comme celui des autres planètes, tantôt vers l'occident, quelquefois le long de l'écliptique ou du zodiaque, quelquefois dans un sens tout différent et perpendiculairement à l'écliptique.

La comète de 1472 fit en un jour 120 degrés, ayant rétrogradé depuis l'extrémité du signe de la Vierge jusqu'au commencement du signe des Gémeaux; la comète de 1760, entre le 7 et le 8 de janvier, changea de 41 degrés en longitude.

Les mouvemens des comètes sont très-irréguliers. Elles se meuvent dans toutes les parties du ciel et dans tous les sens. Quelques-unes décrivent dans leurs mouvemens des ellipses plus alongées, et reviennent périodiquement à des intervalles plus ou moins éloignés. D'autres décrivent des hyperboles (courbes dont les deux branches s'étendent à l'infini) et alors elles paraissent et disparaissent, pour ne plus revenir, ou pour ne revenir qu'à des époques indéterminées, par suite de combinaisons inconnues de mouvemens. Le foyer de toutes ces courbes est occupé par le Soleil. Ces astres ne sont quelquefois visibles que peu de jours, d'autrefois pendant plusieurs mois. Le mouvement de quelques-unes est très-lent, mais il augmente de vitesse à mesure qu'elles s'approchent du Soleil, pour diminuer ensuite et redevenir ce qu'il était auparavant.

D'autres se meuvent avec une vitesse extraordinaire ; quelquefois elles ne se présentent que comme une nébulosité sans queue, mais lorsqu'elles s'approchent du Soleil, la traînée se forme, devient très-considérable, pour disparaître ensuite ; ce qui fait supposer que la queue provient d'une émanation des comètes due aux rayons solaires. Il y en a plusieurs dont les retours sont périodiques. Une d'elle a une période de soixante-seize ans : elle doit paraître en 1835 ; elle s'approchera beaucoup de la Terre. Une autre a une période de trois ans et demi. Une troisième a une période de six ans trois quarts ; sa dernière apparition a eu lieu en 1832. Ce qu'il y a de remarquable dans cette dernière, ce qu'elle a traversé le plan écliptique très-près de l'orbite terrestre, et il a été prouvé par des calculs que si la Terre eût eu un mois d'avance sur son mouvement au moment du passage de la comète, ces deux astres se seraient entrechoqués et il en eût pu résulter quelque catastrophe. Les comètes en traversant le système planétaire s'approchent souvent beaucoup des planètes, sont attirées par elles et déviées de leur orbite, ce qui rend très-difficile la comparaison des comètes qui arrivent à diverses époques pour tâcher de les reconnaître. Leur partie solide doit être bien peu considérable, car une comète ayant traversé le systême des satellites de Jupiter, elle a été détournée de sa marche et n'a occasionné aucun dérangement dans ce systême. La durée de sa révolution, qui était de cinquante ans, fut changée en cinq ans par l'action de Jupiter, lors de son passage près de cet astre en 1767 ; et elle aurait continué de marcher dans une période de cinq ans, si elle n'eût été changée en une de vingt ans, lors d'un nouveau passage de cette comète près de Jupiter en 1769.

OBSERVATIONS,

REMARQUES CURIEUSES, ANECDOTES HISTORIQUES RELATIVES AUX COMÈTES.

La grande irrégularité dans les mouvemens des comètes, et la situation des orbites qu'elles décrivent fait regarder comme possible que la Terre et les autres planètes éprouvent la rencontre d'un de ces globes errans; et c'est, disent quelques auteurs, par l'effet de l'approche de l'une d'elles que la Terre fut submergée à l'époque du déluge universel, Dieu s'en étant servi pour exercer sa vengeance contre les hommes. On attribue également à l'une de ces comètes, un brouillard sec et très-épais qui, en 1783, se maintint dans l'atmosphère pendant plus de six semaines depuis les côtes de l'Afrique, jusque dans la partie la plus septentrionale de l'Amérique. On prétend que ce phénomène très-extraordinaire a été produit par un épanchement de la queue de la comète attirée dans notre atmosphère par le globe de la Terre. Nous avons déjà dit que, selon quelques savans, Vesta, Junon, Cérès et Pallas, ne formaient qu'une seule et même planète avant d'avoir été brisée par le choc d'une comète.

Les anciens n'ont parlé communément de la grandeur des comètes qu'en faisant attention au spectacle de leur queue ou de leur chevelure : cependant il y a des comètes dont le diamètre semble avoir été très-considérable, indépendamment de la queue. Après la mort de Démétrius, roi de Syrie, 146 ans avant notre ère, il parut une comète aussi grosse que le Soleil; celle qui parut à la naissance de Mithridate, répandait, suivant Justin, plus de lumière que le Soleil.

La comète de 1006 était quatre fois plus grosse que Vénus, et jetait autant de lumière que le quart de la Lune pourrait faire.

Sénèque parle des comètes d'une manière très-philosophique dans ses *Questions naturelles*, et il finit par une prédiction très-remarquable : « Un » jour viendra où la postérité s'étonnera que des » choses si claires nous aient échappé : on démontrera dans quelle région vont errer les comètes, » pourquoi elles s'éloignent tant des autres astres, » quel est leur nombre et leur grandeur. »

Malgré des idées aussi lumineuses sur la nature des comètes, il s'est trouvé parmi les anciens et parmi les modernes, jusqu'au commencement de ce siècle, des auteurs qui ont cru que les comètes étaient des corps nouvellement formés et d'une existence passagère. Tels furent Aristote, Ptolémée, Bacon, Galilée, Tycho, Kepler, Riccioli, la Hire. Plusieurs d'entre eux les regardèrent comme des corps sublunaires, ou des météores de l'atmosphère. Cassini lui-même avait cru que les comètes étaient formées par les exhalaisons des autres astres. Comme ce sentiment avait été celui d'Aristote, ce fut par conséquent celui qui domina dans les écoles jusqu'au dernier siècle ; la plupart des astronomes, regardant jusqu'alors les comètes comme des amas de vapeurs, ne daignaient pas les observer.

Cependant Tycho-Brahé ayant suivi long-temps et avec soin la comète de 1577, composa un ouvrage considérable à cette occasion. Il trouva qu'on pouvait assez bien représenter ses apparences, en supposant qu'elle avait décrit autour du Soleil une portion de cercle. Faisant voir dans cet ouvrage que les comètes étaient des corps fort élevés au-dessus de la moyenne région, il renversait le système ancien des cieux solides.

Dominique Cassini faisait tourner les comètes autour de la Terre; Fontenelle en faisait les planètes d'un tourbillon voisin; Hévétius soupçonna qu'elles décrivaient des paraboles autour du Soleil; mais Newton ayant reconnu que toutes les planètes tournaient autour du Soleil, en vertu d'une attraction très-puissante et qui s'étendait fort loin, jugea qu'il en devait être de même des comètes, et en ayant fait l'essai sur celle de 1681, dont le mouvement avait paru très-irrégulier, il vit que cela s'accordait très-bien avec une courbe ovale, de même espèce que celle des planètes, et parcourue avec les mêmes lois.

Les circonstances les plus irrégulières qu'on avait observées dans son mouvement, et qui avaient fait croire à quelques astronomes que c'étaient deux comètes différentes, devenaient alors une suite réelle de la situation de la Terre par rapport à la comète, et de l'accélération de mouvement qu'une planète doit avoir nécessairement en approchant du Soleil.

Halley, partant de cette théorie, calcula toutes les comètes qui avaient été observées jusqu'alors avec assez d'exactitude et de détail pour qu'on pût en déterminer l'orbite; il trouva que celles de 1531, de 1607 et de 1682, se ressemblaient assez pour qu'on pût soupçonner que c'était une seule et même comète, et qu'elle pourrait reparaître en 1758 ou 1759. Cette conjecture heureuse, publiée en 1705, s'est vérifiée par le retour de la même comète, dans la même orbite, et nous l'avons tous observée; en sorte qu'il est hors de doute que les comètes sont véritablement des planètes qui tournent comme les autres autour du Soleil. On la suivit depuis le 25 décembre 1758, jusqu'au 3 de juin 1759.

LES COMÈTES SONT-ELLES HABITÉES ?

Il y a des comètes qui, dans leur périhélie, passent si près du Soleil, qu'elles doivent éprouver alors une chaleur mille fois plus vive que celle d'un fer rouge ; mais qui ensuite, dans leur aphélie, doivent être gelées jusqu'au centre. S'il y avait des habitans dans les comètes, il faudrait qu'ils fussent d'une constitution bien extraordinaire, pour vivre ainsi tour à tour dans la glace et dans le feu.

CHAPITRE XII.

DES ÉTOILES.

Ce que c'est que les étoiles. — Distance de la terre aux étoiles. — Nombre des étoiles. — Lumière des étoiles. — Mouvement des étoiles. — Grandeur des étoiles. — Des constellations. — Remarques, observations curieuses, anecdotes historiques rélatives aux étoiles. — Explication des fables des anciens, par le moyen des étoiles et du Soleil.

PROBLÊMES AMUSANS.

Trouver à quelle heure Sirius ou toute autre étoile passe au méridien un jour proposé. — Trouver l'heure qu'il est pendant la nuit, par le moyen des étoiles. — Trouver quelles sont les étoiles qui se lèvent, celles qui se couchent, celles qui sont dans le méridien, pour un lieu et un jour quelconques, et pour le temps que l'on voudra après le coucher ou avant le lever du Soleil.

CE QUE C'EST QUE LES ÉTOILES.

Il est certain que les étoiles sont, comme le Soleil, des corps lumineux par eux-mêmes, ou plutôt ce sont autant de soleils ; car l'univers est sans bornes, il est peuplé d'astres innombrables, de mondes semblables au nôtre, composés d'un centre d'attraction, d'un foyer vivifiant lumineux, et de planètes qui tournent autour de ce centre.

Ces foyers, d'où émanent la lumière et la chaleur, paraissent à nos yeux, eu égard à leur énorme distance, comme autant d'étoiles que les astronomes ont appelées *fixes*, parce qu'elles gardent constamment les mêmes rapports entre elles, et forment ainsi des groupes, en affectant diverses figures, plus ou moins symétriques, de lignes droites ou de lignes courbes, de triangles, de quadrilatères, de trapèzes, de cercles, etc. ; auxquelles ces mêmes astronomes ont donné le nom de *constellations*.

DISTANCE DE LA TERRE AUX ÉTOILES.

Ce qui prouve que les étoiles sont lumineuses par elles-mêmes, c'est leur immense éloignement du Soleil ; elles se trouvent à une si grande distance de cet astre, qu'il serait impossible que sa lumière allât jusqu'à elles, pour revenir de là frapper nos yeux avec l'éclat si vif dont nous les voyons briller. L'éloignement des étoiles est d'une immensité telle que 70 millions de lieues ne sont qu'un point par rapport à la distance, même des plus voisines de nous, et que cette distance ne peut être moindre que 7 trillions de lieues. Ainsi, on sait qu'un boulet de canon parcourt 100 toises ou une seconde ; qu'on le suppose voler toujours avec la même rapidité, et il ne lui faudra pas moins de 5,060,882 ans pour franchir l'espace qui nous sépare des étoiles. La prodigieuse distance à laquelle nous sommes des étoiles est cause que nous n'apercevons que leur éclat sans pouvoir nous faire une juste idée de leur grandeur. Une autre preuve que l'éloignement des étoiles est infini, c'est que la terre, décrivant son orbite lorsqu'elle arrive à l'une des extrémités de son grand axe, nous sommes à soixante millions de lieues plus près ou plus loin des étoiles, sans que pour cela nous apercevions, la moindre différence dans leur aspect à notre égard; enfin, une dernière preuve de leur grand éloignement, c'est que les étoiles vues au télescope, paraissent plus petites que vues à l'œil nu.

NOMBRE DES ÉTOILES.

Il s'en faut bien que nous connaissions toutes les étoiles fixes : il faudrait atteindre jusqu'aux bornes de l'univers. Nous ne découvrons même à la vue simple qu'un très-petit nombre des myriades d'étoiles fixes qui remplissent le ciel. Galilée, à l'aide d'une lunette beaucoup plus faible que celles que nous employons aujourd'hui, découvrit dans les Pléïades 36 étoiles invisibles à l'œil nu, et 80 dans le baudrier et l'épée d'Orion. L'abbé de la Caille en a compté plus de 6,000 de la septième grandeur entre la partie de l'hémisphère austral comprise entre le pôle et le tropique. F. de Rheita en observa plus de 2,000 dans la seule constellation d'Orion, où l'on en découvre à peine 60 à l'œil nu. La voie lactée ne parait être elle-même qu'une immense réunion d'étoiles fixes. Le célèbre Herschell en compta jusqu'à 50,000 dans une espace de 15° de long sur 2 de large. Enfin, les nébuleuses ne paraissent être elles-mêmes qu'un assemblage d'étoiles, formant autant de systêmes particuliers. Herschell découvrit plus de 2,000 de ces nébulosités.

LUMIÈRE DES ÉTOILES.

La combinaison du mouvement de la Terre avec celui de la lumière des étoiles, forme une illusion d'optique que l'on nomme *l'aberration de la lumière ou réfraction*; elle consiste à faire remarquer que le rayon de lumière d'une étoile, étant prolongé en ligne droite, n'aboutit pas au même point du ciel où aboutissait celui que nous recevions tous les jours précédens; et, par cet effet, nous rapportons chaque jour de l'année à des points du ciel auxquels elles ne sont point réellement comme nous l'avons déjà expliqué à l'occasion du zodiaque, et comme nous allons le démontrer de nouveau dans ce paragraphe suivant.

MOUVEMENT DES ÉTOILES.

La dénomination d'*étoiles fixes* est impropre; car bien qu'à cause de leur distance prodigieuse elles nous paraissent rester toujours à la même place, elles exécutent cependant des mouvemens dans le ciel; mais comme ces mouvemens sont imperceptibles pour nous, on leur a conservé ce nom.

Indépendamment de ces mouvemens réels, les étoiles ont plusieurs mouvemens apparens, produits par le mouvement réel de la Terre. Les principaux sont: 1° le mouvement diurne commun à tout le ciel, qui leur fait décrire d'orient en occident des parallèles à l'équateur; 2° un autre d'occident en orient, parallèle à l'écliptique: celui-ci est très-lent, puisqu'il ne s'achève qu'en près de 26,000 ans. Son effet est 1° de déplacer insensiblement l'axe et les pôles du monde, et de leur faire décrire un cercle autour des pôles de l'écliptique; 2° de déplacer avec la même lenteur le point où l'écliptique coupe l'équateur, et de le faire répondre successivement à diverses étoiles d'orient en occident : de sorte que la première étoile du Bélier qui était, il y a 2,000 ans, au point d'intersection de ces deux cercles, en est aujourd'hui à 30° vers l'orient, et les Poissons ont pris la place du Bélier. C'est ce qu'on appelle la *précession des équinoxes*. Aussi quand on cherche le lieu du Soleil ou d'une planète sur le globe céleste, il faut, sans s'embarrasser des constellations réelles du Bélier, etc., compter les signes de 30° en 30°, en supposant le premier degré du Bélier au point de l'équinoxe du printemps.

GRANDEUR DES ÉTOILES.

Plusieurs étoiles nous paraissent plus brillantes que les autres; c'est peut-être parce qu'elles sont un peu moins éloignées de la Terre que celles qui nous paraissent plus petites. On les distingue les unes des autres en les supposant être de diverses grandeurs : celles de la première grandeur nous apparaissant 48 minutes après le coucher du Soleil; celles de la deuxième grandeur après 52 minutes; celles de la troisième, après 56 minutes; et ainsi de suite des autres grandeurs, avec un intervalle de quatre minutes, jusqu'à la septième grandeur qui est la dernière.

LES CONSTELLATIONS.

Les étoiles, à raison de leur grandeur, se divisent en sept classes. On n'en compte ordinairement que 15 de la première grandeur, visibles en France, savoir : Sirius, ou le Grand-Chien ; l'épaule orientale d'Orion ; Rigel, ou le pied occidental d'Orion ; Aldébaran, ou l'œil du Taureau ; la Chèvre, la Lyre ; Arcture, dans le Bouvier ; Antarès, ou le cœur du Scorpion ; Régulus, ou le cœur du Lion ; Procyon, ou le Petit-Chien ; Fomahaut, ou la bouche du Poisson austral ; le cœur de l'Aigle ; la queue du Cygne et l'épi de la Vierge. L'étoile polaire, plusieurs des étoiles de la Grande-Ourse, etc., sont de la seconde grandeur. Les étoiles de la septième grandeur, ne sont visibles qu'au télescope. Cette diversité de grandeur peut n'être qu'apparente et venir de la différence dans l'éloignement des étoiles.

Les étoiles, à raison de leur nombre, se partagent en divers amas ou constellations. Les anciens comptaient 48 constellations. Les modernes en ont ajouté 52 ; de sorte qu'on en représente jusqu'à 100, dans les cartes et sur les globes célestes. Les principales, outre les douze signes du zodiaque, qu'il est important de bien connaître, sont : au nord de l'écliptique, la Grand-Ourse, la Petite-Ourse, Cassiopée, Andromède, Pégase, Persée, le Cocher, le Bouvier, la Couronne, Hercule, le Serpentaire, l'Aigle, la Lyre, le Cygne et le Dauphin. Les principales constellations, au midi de l'écliptique, sont : Orion, le Grand-Chien, le Petit-Chien, l'Hydre, la Coupe, le Corbeau, le Poisson austral et la Baleine.

Nous allons voir la manière de reconnaître dans le ciel les principales constellations.

Si, au mois de janvier ou de février, vers les sept ou huit heures du soir, on regarde le ciel du côté du midi, on remarque trois étoiles égales, fort près l'une de l'autre sur une ligne droite, au milieu d'un très-grand carré long formé de quatre autres étoiles dont deux de la première grandeur sont : l'une Rigel ou le pied occidental, l'autre l'Epaule orientale de la belle constellation d'Orion. Les trois étoiles du milieu s'appellent le Baudrier d'Orion ; elles indiquent par leur direction vers l'orient Sirius ou le Grand-Chien, la plus belle étoile du ciel ; et vers l'occident, mais plus haut, les pléiades, groupe de petites étoiles qui sont sur le dos du Taureau. Aldébaran ou l'œil du Taureau est sur la ligne qui va des Pléiades au Baudrier d'Orion.

Procyon ou le Petit-Chien est situé au nord de Sirius et à l'orient de l'Epaule d'Orion.

Arcture, principale étoile du Bouvier, est dans le prolongement de la ligne qui, de l'étoile polaire, passe par la queue de la Grande-Ourse, à 30° de celle-ci.

Les deux têtes des Gémaux, de la seconde grandeur, assez proches l'une de l'autre, sont situées au milieu de l'espace qu'il y a entre Orion et la Grande-Ourse.

La Petite-Ourse, dont l'étoile polaire occupe l'extrémité de la queue, a la même figure à peu près que la Grande-Ourse.

Régulus ou le Cœur du Lion est sur la ligne menée de Rigel par Procyon, un peu à l'occident de la ligne menée de l'étoile polaire par les étoiles A et B de la Grande-Ourse.

Ce qu'on appelle la Nébuleuse du Cancer est un amas d'étoiles moins sensibles que celles des Pléiades ;

on le rencontre un peu au-dessous de la ligne qui va des Gémeaux au Cœur du Lion, ou de Procyon à la Queue de la Grande-Ourse.

Le Cocher, grand pentagone irrégulier, est sur la ligne qui va d'Orion à l'étoile polaire, on d'Aldébaran à la Grande-Ourse : on y remarque la Chèvre.

La tête du Bélier a deux étoiles de troisième grandeur aussi proches l'une de l'autre que le sont entre elles les deux têtes des Gémeaux. On la reconnaît par une ligne menée de Procyon aux Pléiades, et prolongée de 20° au-delà.

La Ceinture de Persée forme comme un arc courbé vers la Grande-Ourse : elle est sur la ligne tirée de l'étoile polaire aux Pléiades.

Le Carré de Pégase est formé par quatre étoiles de la seconde grandeur. La plus boréale des quatre est la Tête d'Andromède. La ligne tirée des étoiles A et B de la Grande-Ourse par l'étoile polaire va passer au-delà du Pôle sur le milieu du Carré de Pégase ; la ligne tirée du Baudrier d'Orion par les Pléiades ou par le Bélier va rencontrer la Tête d'Andromède.

La ligne tirée de la Grande-Ourse par l'étoile polaire va rencontrer de l'autre côté du pôle, et à une distance égale, Cassiopée qui d'ailleurs est remarquable par plusieurs étoiles de la seconde grandeur.

L'une des diagonales du Carré de Pégase se dirige au nord-ouest vers la Queue du Cygne. Le Cygne se fait remarquer par sa forme qui est celle d'une grande croix. La ligne menée des Gémeaux à l'étoile polaire va rencontrer le Cygne de l'autre côté et à pareille distance du pôle.

Les constellations qui paraissent en été n'ont pas des caractères aussi marqués que celles d'hiver ; mais on les reconnaîtra par le moyen des précédentes.

Quand le milieu de la queue de la Grande-Ourse est au plus haut du ciel (ce qui arrive à neuf heures du soir, à la fin de mai) on voit l'Epi de la Vierge dans le méridien du côté du midi.

On voit alors, un peu à droite et plus bas que l'Epi de la Vierge, le Corbeau qui forme un carré irrégulier.

La ligne menée du milieu de la Grande-Ourse par Régulus va rencontrer le Cœur de l'Hydre, étoile de la seconde grandeur.

La Coupe, située entre l'Hydre et le Corbeau, forme, comme celui-ci, un carré irrégulier assez remarquable.

La Lyre, l'une des plus brillantes étoiles de tout le ciel, fait un triangle rectangle avec Arcture et l'Etoile polaire, l'angle droit étant vers l'orient à la Lyre.

La Couronne est sur la ligne menée de la Lyre à Arcture, plus près de celui-ci.

Le Cœur de l'Aigle, au midi de la Lyre et du Cygne, est entre deux autres étoiles plus petites et qui en sont fort proche.

La ligne qui passe par Régulus et l'Epi de la Vierge (c'est à peu près l'Ecliptique), va rencontrer plus à l'orient le front du Scorpion, dont les étoiles forment un grand arc du nord au sud. Plus loin, encore vers l'orient, on rencontre Antarès ou le Cœur du Scorpion.

La ligne menée du Scorpion à la Lyre, passe entre la Tête d'Hercule, étoile de la troisième grandeur, à l'occident, et la Tête du Serpentaire, de la seconde grandeur, à l'orient, un peu au midi de la ligne menée d'Arcture au Cœur de l'Aigle. Elles sont tout proche l'une de l'autre.

La Balance a deux étoiles de la seconde grandeur, qui en forment les deux bassins : on les rencontre en allant du front du Scorpion ; soit à Arcture, soit à l'Epi de la Vierge.

Le Sagittaire est à l'orient du Scorpion, sur le prolongement de la ligne qui va de l'Epi de la Vierge à Antarès : plusieurs étoiles de la troisième grandeur le font aisément reconnaître.

La tête du Capricorne a deux étoiles de la troisième grandeur, à 2° l'une de l'autre, sur le prolongement de la ligne qui va de la Lyre au Cœur de l'Aigle. Fomahaut ou la Bouche du Poisson austral, se trouve à 35° de la tête du Capricorne, vers le sud-est,

Le Dauphin est formé par un petit losange de quatre étoiles de la troisième grandeur, à 15° environ à l'orient de l'Aigle.

En allant du Dauphin à Fomahaut, on passe entre les deux épaules du Verseau, qui sont deux étoiles de la troisième grandeur, à 10° l'une de l'autre.

La ligne menée de la Chèvre par les Pléiades, va passer sur la tête de la Baleine, étoile de la troisième grandeur.

Les Poissons n'ont point d'étoiles remarquables : ils occupent l'espace qui est au midi du Carré de Pégase, entre le Verseau et la tête du Bélier.

REMARQUES,

OBSERVATIONS CURIEUSES ; ANECDOTES HISTORIQUES RELATIVES AUX ÉTOILES.

L'une des choses les plus remarquables quant aux étoiles, c'est la diminution et l'augmentation périodique de l'intensité de la lumière de certaines d'entre elles. Leur éclat diminue jusqu'à l'extinction quelquefois, puis il augmente peu à peu jusqu'au retour de l'étoile à son état ordinaire pour diminuer ensuite, etc. La période de l'une d'elles a lieu douze fois en onze ans, ou plus exactement, est de trois cent trente-quatre jours. L'étoile reste dans son plus grand éclat pendant quinze jours, cet éclat diminue pendant trois mois ; elle devient invisible pendant à peu près cinq mois, et reprend successivement son éclat pendant les trois mois restant de sa période.

Quelquefois on voit apparaître dans le ciel des étoiles qu'on n'y avait jamais remarquées ; elles y restent stationnaires pendant un temps plus ou moins long, et disparaissent ensuite. Ainsi au mois de novembre 1572, il parut presque subitement une nouvelle étoile dans la constellation de Cassiopée ; elle devint sous peu de jours la plus brillante du ciel ; son éclat s'affaiblit ensuite sensiblement, et, en 1574, elle disparut entièrement.

Képler parle d'une autre étoile à peu près semblable, qui parut dans la constellation du serpentaire, en 1604 ; la durée de son éclat fut d'environ quinze mois.

La lumière des étoiles qui nous sont le plus voisines, met environ trois ans pour arriver jusqu'à nous.

Les étoiles dites *nébuleuses* sont, d'après Herschel, des amas de petites étoiles ; ce savant a compté environ 50,000 étoiles dans un espace de 15 degrés de long sur 2 degrés de large ; s'il y en avait autant dans toutes les parties du ciel, cela ferait en tout 75 millions visibles dans ces télescopes-là.

Le peuple prend quelquefois pour de véritables étoiles des feux volans qui s'allument dans l'atmosphère, et qui filent dans une belle nuit ; on les appelle même *étoiles tombantes*. Mais ces météores ne sont pas plus des étoiles que celles de l'opéra ; et lorsqu'on voyage le soir, on peut aussi prendre pour une étoile une lumière que l'on verra dans une maison éloignée ; rien n'y ressemble davantage.

EXPLICATION DES FABLES DES ANCIENS, PAR LE MOYEN DES ÉTOILES ET DU SOLEIL.

C'est, dit de Lalande, une chose bien propre à exciter la curiosité pour l'astronomie, que de voir l'usage qu'on en a fait chez tous les peuples du monde ; ainsi nous croyons devoir en présenter ici une idée, en faisant voir que les religions payennes et les fables les plus célèbres, sont des allégories astronomiques, ainsi que l'a démontré le célèbre Dupuis. L'origine des constellations paraît être relative à la vie des anciens pasteurs, et pour ainsi dire un calendrier rural de l'Egypte.

Il y a quatre constellations qui se lèvent au temps des moissons, et l'on y trouve en effet une jeune fille qui tient un épi, accompagnée de son père qui tient lui-même une faucille (le Bouvier), et qui est précédé d'un attelage de bœufs (la grande Ourse), et entre eux une gerbe de blé (la chevelure de Bérénice); il serait difficile que des figures jetées au hasard eussent entre elles une liaison aussi intime, et des rapports si marqués avec la moisson égyptienne à cette époque. De même le Verseau et les Poissons indiquèrent la saison du débordement du Nil et de l'inondation de l'Égypte. Mais ces noms, une fois donnés aux différentes étoiles, occasionnèrent ensuite tous les romans que l'imagination des Orientaux se plut à enfanter. Ainsi le Soleil, considéré comme la force de la nature, et passant successivement dans les douze signes du zodiaque, fit imaginer les douze travaux d'Hercule, dont nous parlerons bientôt; l'histoire d'Adonis répond au Soleil, l'histoire de Pluton n'a été calquée que sur la constellation du Serpentaire, qui paraît quand le Soleil descend vers le midi, et celle de Proserpine sur celle qu'on appelle aujourd'hui la Couronne. Celle-ci offre sur tout un exemple bien singulier de la complication de ces anciens romans. On trouve dans les auteurs de mythologie, que Jupiter, amoureux de Cérès, se métamorphose en taureau, il en naît Proserpine; Jupiter est ensuite amoureux de Proserpine, et pour s'unir à elle, il se métamorphose en serpent; enfin de ce nouveau mariage, il en naît un taureau. En voici l'explication:

Cérès est la constellation de la Vierge, Proserpine, celle de la Couronne; au printemps, le signe du Taureau se couche au même endroit que celui de la Vierge, dans le temps même que les constellations de la Couronne et du Serpent se lèvent: six mois après, ces constellations se couchent le soir ensemble, dans le temps que le Taureau commence à se lever; c'est ainsi que Proserpine et le Serpent donnent naissance au Taureau; ce sont ces générations monstrueuses que l'on n'avait jamais comprises, mais que l'astronomie explique de la manière la plus heureuse et la plus évidente.

L'on a dit que Proserpine était six mois aux enfers, et six mois dans le ciel; cela vient de ce que la même constellation qui, par son lever du matin, déterminait le passage du Soleil aux régions australes et à l'hémisphère inférieur, déterminait six mois après, par son lever du soir, le retour de cet astre vers nos régions septentrionales, et annonçait son passage dans les derniers degrés du Belier, lorsque l'astre du jour ramenait la lumière dans nos climats; alors elle présidait à l'hémisphère supérieur ou boréal, règne de la lumière, c'est-à-dire que Proserpine montait au ciel.

Toute l'histoire de Minerve est une allégorie de la lumière, et les constellations voisines du Belier ont fourni tous les attributs de cette divinité.

Janus, qui présidait à l'année, et qui portait les clefs du temps, est l'épi de la Vierge, étoile qui se levait à minuit le premier jour de l'an, et qui ouvrait l'année; voilà pourquoi on faisait de Janus le portier du ciel. On lui donnait quatre visages, parce qu'il répondait aux quatre saisons; les constellations qui se lèvent en même temps formaient la famille ou les attributs de Janus; on y remarque le vaisseau qui l'accompagnait toujours; le Bouvier, ou Icare, qui était grand-père de Janus, la Vierge, ou Érigone, qui était sa mère, suivant Plutarque; ses frères *Faustus* et *Félix* expriment les souhaits de bonne année, dont l'usage subsiste encore. *Journal des savans*, janvier 1786.

Phaëton est la constellation du Cocher; effrayé par le Scorpion, il tomba dans l'Éridan, parce que le Cocher se couche le matin avec la constellation de l'Éridan quand le Soleil est dans le signe du Scorpion.

J'ai dit que les douze travaux d'Hercule avaient été imaginés d'après les douze signes du Zodiaque. En effet, le combat d'Hercule contre les Amazones répond au Bélier, parce que, quand le Soleil y est, la constellation d'Andromède entre dans les rayons du Soleil, et que celle de la Vierge se couche le matin. De là, Hercule partit pour la conquête de la toison d'Or, c'est-à-dire que le Soleil entrait dans le Taureau; ou pour la conquête des vaches de Géryon, parce que c'était le lever de la grande Ourse, qu'on appelle aussi les bœufs d'Icare.

Le triomphe d'Hercule sur le chien Cerbère répond à l'entrée du Soleil dans les Gémeaux, qui est le temps où se couche Procyon, ou le petit Chien.

Le voyage d'Hercule en Hespérie, c'est-à-dire au couchant, où il fut pour enlever des brebis à la toison d'or, est le temps où se couchait le soir la constellation de Céphée (anciennement on y mettait un berger avec un troupeau de brebis), elle est placée sur celle du Dragon, et voilà pourquoi Hercule eut à combattre, le dragon qui gardait les Hespérides.

L'entrée du Soleil au signe du Lion répond à la victoire d'Hercule sur le Lion de Némée.

Le coucher de l'Hydre céleste, qui vient après, a fait son triomphe sur l'Hydre de Lerne.

Le combat contre les Centaures exprime le lever du Centaure céleste, qui arrive quand le Soleil est dans la Balance.

Hercule, qui chasse les oiseaux du lac Stymphale, est l'entrée du Soleil dans le Sagittaire, marquée par le lever du Vautour, de l'Aigle et du Cigne, oiseaux célestes. Il nettoie ensuite les étables d'Augias ; c'est le coucher des étoiles du Verseau qui sont sous le Capricorne, ou le Bouc, emblême de la saleté et de l'infection.

Le combat d'Hercule contre le taureau de Crète, est l'allégorie du coucher de la constellation du Centaure, moitié homme, moitié taureau.

Enfin il dompte les cavales de Diomède qui vomissaient des feux, parce que, quand le Soleil est dans les Poissons, les constellations de Pégase et du petit Cheval se lèvent le matin avant le Soleil ; aussi Hercule les conduisit sur le mont Olympe, comme des chevaux célestes.

Les fables de Pluton, de Sérapis et d'Esculape, sont faites sur la constellation du Serpentaire ou Ophincus, qui annonçait le passage du Soleil dans les signes inférieurs ; le Génie solaire était Jupiter au printemps, et Pluton en hiver. Cerbère, le chien de Pluton, est l'étoile du Chien qui se couche au lever du Serpentaire, et indique la même époque. Nous parlerons du monstre à trois têtes, de chien, de lion et de loup.

En Égypte, le taureau ou le bœuf Apis était sacré, et il portait toutes les marques de la génération. Pomponius Méla dit que c'est le Dieu de toutes les nations. Les fêtes de Bacchus étaient les mystères du Taureau. C'est à côté d'un homme qui avait des pieds et des cornes de taureau, qu'on plaçait l'œuf orphique qui contenait tout et produisait tout.

Au Japon, on plaçait l'œuf entre les cornes du taureau.

Suivant les Perses, tout est sorti du Taureau; il est le principe visible de tous les biens. On le place à côté de Mithras.

Dans l'Inde, le portier du ciel est représenté avec une tête de taureau, et le bœuf est consacré dans toutes les pagodes indiennes.

Les Juifs adoraient le veau d'or; les Celtes juraient sur leur Taureau d'airain.

Dans les Dionysiaques de Nonnus, Bacchus, ou le Soleil, part du Taureau, et y revient à la fin du poëme; en sorte que les aventures de Bacchus, contenues dans ce poëme de plus de vingt mille vers, ne sont autre chose que le mouvement annuel du Soleil.

Suivant Macrobe, Bacchus passait pour être la force qui meut la matière, l'intelligence qui l'organise, l'âme qui se distribue dans toutes ses parties, la meut et l'anime, et imprime une force harmonique au ciel ou aux sept sphères. L'on aperçoit dans différens auteurs que tous les grands dieux du paganisme se réduisent tous à la seule force motrice de la matière et à l'âme du monde, qu'on exprimait sous des noms, des formes et des attributs différens. Bacchus, ou le Taureau, était tantôt Lion, tantôt Serpent, suivant les diverses constellations vers lesquelles passait le Soleil. Le combat de Jupiter contre le géant Typhon, aux pieds du Serpent, finit dans le poëme de Nonnus, avec l'hiver; l'ordre est rétabli, la paix est rendue à la nature. En effet, le Serpent céleste, Génie de l'hiver, se couche alors le matin; le Taureau se lève avec Orion qui avait péri par la piqûre du Scorpion, autre constellation qui annonce l'hiver.

Le poète nous dit qu'après le déluge Bacchus naît des foudres de Jupiter; ce déluge était l'image des pluies de l'hiver, auxquelles succédait le règne du feu, c'est-à-dire le printemps; alors Bacchus s'incarnait en Taureau, attribut de ce dieu; il marchait contre Astréus, général indien, campé sur le bord du fleuve Astacus, qui signifie l'Ecrevisse; c'était le signe où entrait le Soleil un mois après être sorti du Taureau, et son triomphe était à la plus grande hauteur du Soleil au solstice d'été, c'est-à-dire dans le Lion; il découvrit le lion à l'aide d'un chien, parce qu'en effet la constellation du Chien annonçait par son lever l'entrée du Soleil dans le Lion.

Dans le solstice d'hiver, on nous représente Bacchus métamorphosé en enfant; aussi les Égyptiens représentaient sous cette forme le Soleil dans le temps où les jours sont les plus courts. Dans l'équinoxe d'automne, Bacchus devient le dieu de la vigne, parce que le Soleil la fait mûrir dans cette saison. Icare, père d'Érigone, est celui qui le premier reçoit du vin, parce qu'Erigone, qui est la constellation de la Vierge, et Icare, qui est celle du Bouvier, paraissent le soir dans cette saison. Il est ensuite amoureux d'Ariane; c'est l'étoile de la Couronne qui vient après les deux autres, en sorte que l'histoire de Bacchus n'est que la suite des constellations.

L'histoire de Phaëton est également faite d'après le mouvement du Soleil. Ce n'est autre chose que la constellation du Cocher, qui, par son lever héliaque, marquait l'équinoxe du printemps, le retour de la chaleur, le règne de la lumière et du feu; or, la chaleur était l'embrasement général de l'univers pour les poètes, comme les pluies de l'hiver en étaient le déluge. Phaëton était fils de Climène, qui signifie inondée, parce que cette constellation commençait à paraître après les inondations. Cette nymphe épousa le Soleil, les nymphes de l'Océan prirent soin de Phaëton; toutes les étoiles faisaient la garde autour de son berceau; l'Océan, pour amuser cet enfant, le jetait en l'air et le recevait ensuite dans son sein; devenu plus grand, il se faisait un petit char, auquel il attelait des beliers, et au bout du timon il avait mis une espèce d'étoile qui ressemblait à l'étoile du matin, dont il était lui-même l'image, suivant Nonnus, qui donne aussi à Phaëton le nom de Porte-Lumière. Le lever héliaque de cette constellation arrivait à l'équinoxe, temps où l'on célébrait en Egypte une fête en mémoire de l'embrasement du globe.

Pendant tout le temps que dure le règne du feu, c'est-à-dire tout l'été, le cocher se trouve le matin sur l'horizon avec le Soleil, jusqu'à ce qu'enfin le Soleil, après s'être approché le plus près du nord, regagne l'équateur et arrive à l'équinoxe d'automne vers le Scorpion; c'est le terme de la chaleur et de la course de Phaëton, qui alors se couche le matin, et disparaît sous l'horizon avant le lever du Soleil : c'est précisément la route que suit Phaëton dans la description qu'Ovide nous fait de ses écarts. Il s'avance vers le nord, et brûle de ses feux l'Ourse, le Dragon et le Bouvier, et enfin revient au Scorpion, dont la vue effraie ses chevaux qui se précipitent et s'approchent de la Terre. Le jeune Phaëton, foudroyé, périt et tombe dans l'Éridan. C'est la constellation dont le coucher précède de peu de minutes celui de Phaëton ou du Cocher qui est au-dessus.

Cette apparence astronomique, ce coucher du Génie du printemps, accompagné de l'Éridan, qui se fait le matin, lorsque le Soleil parcourt les étoiles du Scorpion, ont donné naissance à la fable du jeune fils du Soleil, dont on pleurait la chûte en Italie, comme on pleurait la mort d'Osiris en Egypte, et d'Hercule en Syrie. Plutarque, qui ignorait la cause d'un pareil deuil, trouvait cette cérémonie bien singulière. Il est ridicule, dit-il, que des hommes nés tant de siècles après la mort de Phaëton changent de vêtement, et annoncent de la tristesse pour sa perte. Effectivement il serait difficile de rendre raison d'un deuil qui se serait perpétué si long-temps, s'il n'avait pour origine quelque objet remarquable pour l'univers, consacré par des cérémonies religieuses.

Le coucher de la constellation du Cocher est suivi du lever du Cygne, qui figura aussi dans l'histoire de Phaëton. Le lever du soir des Pléiades se fait dans le même mois que le coucher du matin du Cocher ; or les Pléiades étaient sœurs de Phaëton, et c'étaient des nymphes des eaux ; elles pleurèrent sa mort, et furent changées en peupliers, qui sont des arbres aquatiques ; en sorte que l'allégorie des pluies est encore ici soutenue : au reste, le poète ajoute que Jupiter envoya aussitôt des torrens de pluie pour réparer les malheurs de la Terre, et en détremper les cendres brûlantes; que Phaëton fut placé au ciel dans la constellation du Cocher, où que Jupiter le mit dans les constellations sous le nom et la forme d'un conducteur de char, ainsi que le fleuve Eridan, dans lequel il avait péri.

Le Scorpion, qui figure dans cette fable, est représenté dans un ancien monument de Mithras, dieu des Perses, comme dévorant les testicules du Taureau équinoxial; c'est celui qui fit périr Orion, qui fit mourir Canopus, étoile du gouvernail du vaisseau d'Osiris, ou allégoriquement pilote du vaisseau. C'est à l'entrée du dix-septième degré du Scorpion, que les Egyptiens fixaient l'époque de la mort d'Osiris; c'est lui qui, dans l'Edda, livre sacré des anciens peuples du nord, figure à côté du Serpent et du Loup, qui ont pour sœur Héla (ou la mort) et dévorent le Soleil. Ainsi tous les accessoires de la fable de Phaëton, et toutes les théogonies qui s'y rapportent, indiquent également la fin des chaleurs et de la végétation, ou le deuil de la nature.

Le culte des animaux dans l'antiquité a donné lieu souvent de calomnier les usages anciens, parce qu'on en ignorait l'origine et la signification; c'est encore une des applications curieuses de l'astronomie; on voit évidemment que le Taureau, qui était consacré partout, n'est autre chose que la constellation de l'équinoxe; le Bélier, l'Agneau de Dieu, est le symbole de J.-C. Dans l'Apocalypse, le triomphe du printemps sur l'hiver, est celui de J.-C. sur le péché, page 198. Le Chien, ou Mercure-Anubis, était l'étoile Sirius, qui annonçait les moissons et les chaleurs de l'été. L'étoile du poisson austral, qui servit au même usage, fut encore en plus grande vénération chez les Syriens; c'était l'idole de Dagon, dieu des blés et dieu-poisson, qui faisait que les Syriens adoraient une statue de poisson. Plutarque nous dit aussi que les Egyptiens honoraient un poisson sacré qui sortait de la mer au moment du débordement, et dont la vue était pour eux l'annonce agréable d'une crue d'eau qu'ils désiraient. C'est l'étoile du Poisson austral qui se levait alors; elle avait l'avantage de déterminer le solstice par son lever du soir et son coucher du matin le même jour; la durée de son apparition mesurait celle de la plus courte nuit de l'année: elle se levait au moment où le crépuscule affaibli permettait aux étoiles de paraître, et se couchait aux premiers rayons du jour. Cette circonstance singulière de la retraite et du retour du génie qui guidait la marche de la nuit, donna lieu à la fable du Mercure Oannes, animal amphibie, qui avait des pieds et une voix d'homme, et une queue de poisson. Il venait, nous dit la fable, pendant la nuit à Memphis, et le soir se trouvait encore à la mer Rouge, et répétait tous les jours la même course. Il avait instruit les Egyptiens, et ils tenaient de lui leur astronomie et plusieurs autres sciences. D'après la fonction de génie de l'année, d'étoile du Nil, et d'astre avant-coureur des eaux, il n'est pas étonnant que les Egyptiens lui aient fait honneur de leurs connaissances, comme ils en faisaient honneur à Sirius, leur Mercure Anubis, génie de l'équinoxe du printemps.

Le retour de ce poisson à la mer Rouge, vers laquelle il revenait chaque soir, s'explique fort simplement par son retour à l'orient de l'Égypte et la mer Érythrée, d'où il semblait sortir le soir, après avoir disparu le matin au couchant. Le poisson austral se levait au sud-est de l'Égypte, au même point de l'horizon où l'habitant de Memphis plaçait la mer Rouge. Il serait d'autant plus difficile de donner de la réalité à cette tradition, qu'il n'y a pas de fleuve qui forme une communication entre Memphis et la mer Rouge; mais l'allégorie est évidente en employant le poisson céleste.

Les principaux points de l'année, les équinoxes et les solstices, étaient exprimés aussi par quatre génies, ou quatre figures symboliques, qui n'étaient autre chose que les constellations; il en est parlé dans Job et Saint-Clément d'Alexandrie, et l'on s'en est servi pour accompagner les quatre évangélistes, avec lesquels on peint en effet le Taureau, le Lion, l'Aigle et le Verseau sous la figure d'un homme. Page 9.

La Chimère que l'on voit dans la fable de Bellérophon est un monstre, ou composé astronomique, formé par la Chèvre et le Serpent, dont les levers annonçaient le printemps et l'automne, unis au Lion qui était le signe solsticial.

Le monstre qui avait trois têtes, de chien, de loup et de lion, était un emblême de même espèce, composé des constellations de la route du Soleil dans les signes supérieurs, et annonçait le passage du Soleil, dans les signes inférieurs; aussi il était placé près du génie des enfers; il marquait les trois principaux points de la sphère; le levant où était le Loup, le couchant où était le Chien, et le méridien où était le Lion solsticial, lorsque le Soleil se levait en automne. Le chien des enfers, Cerbère, avait aussi la tête hérissée de serpens, parce que la constellation de l'Hydre se trouve placée au-dessus de celle du Chien; il figure dans la descente d'Hercule aux enfers, parce que, quand le Soleil est dans cette partie du ciel, la constellation d'Hercule approche de l'horizon inférieur, et que même sa massue et son bras sont couchés lorsque le Soleil parcourt les derniers degrés des Gémeaux, ou pendant le onzième travail d'Hercule.

Tous ces exemples rendent l'explication astronomique des fables aussi certaine que curieuse. Elle est d'ailleurs indiquée par les anciens : Lucien, dans son Traité de l'Astrologie, nous dit en propres termes que, d'après les ouvrages d'Homère et d'Hésiode, les fables anciennes viennent de l'astrologie, et qu'on n'a pas tiré d'ailleurs l'aventure de Mars surpris avec Vénus. Hésiode appelle les dieux enfans de la Terre et du Ciel étoilé, nés du sein de la nuit, et alimentés par les eaux de l'Océan, où l'on disait en effet que les astres descendaient tous les jours. Jamblique nous dit que Cheremon, prêtre d'Egypte, et plusieurs autres ne voyaient dans tout ce qu'on disait d'Isis et d'Osiris, et dans toutes les fables sacrées, que les mouvemens du Soleil et des étoiles, les phases de la Lune, l'hémisphère supérieur et inférieur, enfin des choses naturelles, mais non des personnages qui eussent existé.

Enfin il paraît que les créateurs des anciennes religions furent les astronomes, et l'on retrouve tous leurs symboles dans les constellations, ou dans les mouvemens du Soleil et les circonstances de l'année. On trouve également dans les étoiles, l'explication de l'Apocalypse, commenté tant de fois, sans que personne l'ait compris; c'est le sermon mystique de la veille de Pâques, dans les mystères de la lumière:

ils se célébraient à l'équinoxe, sous le signe du Belier, le premier des signes, le chef de l'initiation. On y expliquait la destinée des âmes attendant au séjour du mal un état plus heureux, et le retour au séjour de la lumière dont elles étaient émanées. On choisissait le temps où le Soleil triomphe des ténèbres pour rappeler le triomphe de Dieu à la chute de l'ancien monde. Le Bélier était le signe de la régénération mystique, comme il était l'époque de la génération physique : aussi Dieu, assis sur le trône de l'Agneau, s'écrie : Je vais faire toutes choses nouvelles. Et durant les premiers siècles de l'église, les fidèles, réunis la veille de Pâques, attendaient la fin du monde, la venue de l'époux, les noces de l'Agneau.

Le nombre sept est employé vingt fois dans l'Apocalypse, le nombre douze quatorze fois, ce qui indique bien l'allégorie astronomique : les sept villes de la Lydie qui y sont nommées étaient comme sept loges de la même société, et chacune était sous l'inspection d'une planète ; il paraît que les mystères de cette secte, qui était l'initiation phrygienne, se célébraient à Pepuzza. Mais Jean s'adresse aux fidèles de Thyatire, où c'était la religion dominante.

On y voit le ciel appuyé sur les signes des quatre saisons, le Taureau, le Lion, l'Aigle ou la Lyre, qui répondait au Scorpion, et l'homme ou l'ange du Verseau, qui occupait le solstice d'hiver; page 190. On y reconnaît aussi les constellations du printemps ; le Vaisseau ou l'Arche, qui se lève le soir ; la Vierge, que poursuit un serpent, comme on le voit sur le globe céleste ; le fleuve de l'Éridan, que le Serpent vomit pour submerger la femme, ce fleuve est en effet la constellation qui se lève au coucher de la Vierge : l'ange Michel qui terrasse le dragon, comme l'Hercule céleste, remporte la victoire sur la constellation du Dragon, qui descend quand celle d'Hercule monte. Un prince nommé Belier régnait, suivant Pausanias, quand Python fut tué par Apollon.

On trouve dans l'Apocalypse la Baleine, qui est en effet placée sur le Belier, tandis qu'au nord monte la tête de Méduse, autre constellation ; et l'on voit réellement sur le globe, que lorsque le Bélier se lève, il est entre la queue de la Baleine plus au midi, et Méduse qui est plus au nord, mais qui monte en même temps : Méduse est près du Génie armé d'une épée, où l'on reconnait la constellation de Persée, et qui triomphe de la première et de la seconde bête ; on y voit aussi la constellation du Bouvier, qui était à l'occident lorsque Persée était à l'orient, ainsi que le Bélier. Le nombre de la bête dans l'Apocalypse est 666, et c'était le talisman des anciens astronomes ; en sorte qu'on ne peut se refuser à l'explication astronomique de l'Apocalypse.

La constellation de la Vierge est celle qui fournit le plus d'emblêmes, le plus d'allégories, le plus de fables. Elle porte un épi, et l'on en fit Cérès, déesse des moissons. Cérès, s'unissant à Neptune, avait produit un cheval, parceque quand cette constellation se couche, celle de Pégase se lève. Comme elle est voisine de la Balance, on en fit Thémis ; comme elle est près du Vaisseau, on en fit la déesse de la navigation, Isis ; aussi la ville de Paris, qui est la ville d'Isis, avait un vaisseau pour emblême. Au printemps, elle se levait à l'entrée de la nuit ; c'était la Sibylle qui ouvrait la porte des enfers ; à l'équinoxe, elle ouvrait la porte du jour; au solstice d'hiver, elle se levait à minuit, c'était Janus qui commençait l'année; c'était l'étoile des mages d'orient qui annonçait la naissance de Jésus-Christ.

On représenta l'image du Dieu du jour, nouveau né, entre les bras de la constellation sous laquelle il naissait; et toutes les images de la Vierge céleste, proposées à la vénération des peuples, la représentèrent allaitant l'enfant mystique, qui devait détruire le mal, confondre le prince des ténèbres, régénérer la nature, et régner sur l'univers.

PROBLEMES AMUSANS.

Trouver à quelle heure Sirius ou toute autre étoile passe au méridien un jour proposé.

Je cherche l'ascension droite du Soleil, puis celle de Sirius ou de toute autre étoile (1), et j'en prends la différence que je compte d'occident en orient, depuis le Soleil jusqu'à l'astre : cette différence, réduite en heures, me donne celle du passage de l'astre au méridien. Si la différence était de plus de douze heures, elle indiquerait le passage de l'astre pour le lendemain; et le passage pour le jour proposé aurait eu lieu quatre minutes plus tard, parce que le Soleil gagne tous les jours environ un degré d'ascension droite.

---

(1) L'ascension droite d'un astre est l'arc compris entre le point de l'équinoxe du printemps et le degré de l'équateur qui se trouve dans le méridien en même temps que l'astre; ainsi pour trouver l'ascension droite de Sirius, je place Sirius sous le méridien; le degré de l'équateur qui y répond en même temps, marque 99 degrés, ascension droite de Sirius.

Trouver l'heure qu'il est pendant la nuit par le moyen des étoiles.

J'observe quelles sont les étoiles qui passent alors au méridien ; puis je cherche par le problème précédent à quelle heure elles ont dû y passer.

Trouver quelles sont les étoiles qui se lèvent, celles qui se couchent, celles qui sont dans le méridien, pour un lieu et un jour quelconques, et pour tel temps que l'on voudra, après le coucher ou avant le lever du Soleil.

Je place le lieu du Soleil pour ce jour-là dans l'horizon oriental, s'il est question du lever ; puis je fais tourner le globe vers l'orient d'autant de fois 15° qu'on a fixé d'heures avant le lever du Soleil : s'il est question du coucher, je place le lieu du Soleil dans l'horizon occidental, et je fais tourner le globe vers l'occident d'autant de fois 15° qu'on a fixé d'heures après le coucher du Soleil. Dans l'un et l'autre cas, l'horizon et le méridien du globe terrestre me désignent les étoiles cherchées et en général toute la situation du ciel ; de sorte que si je place alors le globe sur une méridienne, je verrai les constellations du ciel répondre exactement à celles qui sont dessinées sur le globe.

CHAPITRE XIII.

—

DU CALENDRIER.

Ce que l'on entend par calendrier. — De la mesure du temps. — Du nombre d'or. — De l'épacte. — Lettre dominicale et cycle solaire.

CE QUE L'ON ENTEND PAR CALENDRIER.

Le Calendrier est le tableau des jours et des mois de l'année, rangés par ordre. Ce mot vient de calendes (*calendœ*), premier jour du mois chez les Romains.

L'année est composé de 12 mois, le mois moyen de 30 jours, le jour de 24 heures, l'heure de 60 minutes, la minute de 60 secondes : ainsi l'année moyenne est de 360 jours, qui font 8,640 heures, ou 518,400 minutes, ou 3,110,405 secondes.

La semaine est composée de 7 jours (*septimana*) de 24 heures ; il y a dans un mois 4 semaines et quelques jours : 4 semaines comprennent assez exactement une lunaison. Cette division si facile de la période lunaire est une des plus anciennement connues.

L'année est composée de 52 semaines.

Les mois, à la réserve de février, sont de 30 et 31 jours.

Les mois de 31 jours sont: janvier, mars, mai, juillet, août, octobre, décembre.

Les mois de 30 jours sont : avril, juin, septembre, novembre.

Le mois de février a 28 jours dans les années communes, et 29 jours dans les années bissextiles.

Les mois lunaires sont de 29 jours et 1/2, plus exactement 29 jours 12 heures 46 minutes (29 jours 5306): en sorte que ces mois sont alternativement de 29 et de 30 jours, sauf quelques intercalations. 12 mois de 29 jours 1/2 font 354 jours. Il faut 11 jours de plus pour faire une année solaire. L'année lunaire a été celle dont se sont le plus servi les plus anciens peuples; elle est encore aujourd'hui en usage chez les Arabes et chez un grand nombre de nations musulmanes.

L'année civile ne comprit long-temps que 365 jours; mais l'année étant réellement plus grande de 5 heures 8 minutes, on reconnut bientôt l'erreur, puisqu'en négligeant ces 5 heures 8 minutes, l'année civile anticipe sur l'année solaire de plus de 20 jours par siècle: c'est cette erreur qui occasionna la réforme du calendrier, ordonnée par Jules César, 45 ans avant Jésus-Christ. Cet empereur fit compter, à partir de cette époque, trois années consécutives de 365 jours, et une quatrième de 366 jours, en ajoutant un jour à février, qui en eut 29 tous les 4 ans. Pour ne rien changer au nom des jours, on nomma ce jour additionnel, comme celui qui le précède, *sextilis ante calendas*, et, par conséquent, *bissextilis ante calendas*, pour exprimer la réitération, le jour doublement compté, le jour bissextile. Telle est l'origine de la *réforme Julienne*, ou du *calendrier Julien*, qui est encore adopté en Russie. Mais l'année solaire n'est pas de 365 jours 6 heures précises; elle n'est réellement, et d'après les observations astronomiques les plus exactes, que de 365 jours 5 heures 49 minutes : d'où il suit que dans l'année julienne l'équinoxe rétrograde de 11 minutes (11 minutes 14). L'erreur est moindre sans doute que dans l'ancienne division antérieure à cette réformation; mais elle présente les mêmes inconvéniens, puisque cette erreur est d'un jour par 130 ans ($128 \frac{57}{100}$): aussi occasionna-t-elle une nouvelle réforme, qui consista à supprimer 3 années bissextiles séculaires sur quatre: en sorte que les années 1700, 1800 et 1900 ne sont pas bissextiles comme elles devraient l'être; mais l'an 2000 sera bissextile, ainsi que l'an 2400, 2800, 3200, etc. Ainsi, sur 400 ans, on intercale seulement 97 jours. Les années sont donc de 365 jours; mais de 4 en 4 ans on les fait de 366 jours; celles-ci forment autant d'années bissextiles. Seulement on ne fait procéder les bissextiles séculaires que de 400 en 400 ans: telle est la réforme du calendrier opérée, en 1582, par le pape Grégoire XIII, et nommée à cause de cela *réforme grégorienne*; elle est aujourd'hui adoptée par toute l'Europe, excepté par les Russes, qui suivent toujours le calendrier Julien.

L'intercalation de 97 jours sur 400 années n'est pas encore rigoureusement exacte; mais elle le deviendra si, en suivant l'analogie, on supprime encore une bissextile tous les 4000 ans : car dans cet intervalle il n'y aurait que 969 jours intercalés, ce qui supposerait à l'année tropique une durée de 365 jours 24225, erreur presque insensible et que l'on peut négliger.

Veut-on savoir si une année est bissextile, il suffit de s'assurer si le nombre qui la désigne est divisible par 4 : si la division se fait sans reste, l'année est bissextile ; si la division donne pour reste 1, 2, 3, l'année est 1re, 2e, 3e après la bissextile. Pour les années séculaires, on efface les deux zéros avant de faire la division.

L'année commence par toute l'Europe, à quelques exceptions près, à l'époque où commence la nôtre. Les Grecs la commençaient au mois de septembre ; les Romains, sous Romulus, la commençaient au 1er mars : alors l'année n'avait que 10 mois, et le mois de décembre était le dixième et le dernier. Numa la fit commencer au 1er janvier, et fit l'année de 12 mois, en y ajoutant janvier et février. En France, l'année commença long-temps à Pâques ou à l'Annonciation (25 mars). Elle devrait toujours commencer à l'équinoxe du printemps.

Les noms des rois romains sont restés dans notre calendrier. Ces mois sont : janvier, *januarius*, de Janus, dieu représenté avec un double visage (*Janus bifrons*), dont l'un regarde le passé et l'autre l'avenir, et avec une clef qui ouvre l'année. — Février, *februarius*, de *februari*, faire des *libations*, se purifier, parce que ce mois était, chez les Romains, consacré aux sacrifices expiatoires. —

Mars, *mars*, mois consacré au dieu Mars. — Avril, *aprilis*, d'*aperire*, ouvrir, époque de l'année où les germes s'ouvrent et se développent (*se aperiunt*), ou d'Αφροδιτη, Vénus, déesse de l'amour et de la fécondité. — Mai, *maius*, consacré à Maia, mère de Mercure, ou aux vieillards, *mensis majorum*. — Juin, *junius*, consacré à la déesse Junon, ou à la jeunesse, *mensis juniorum*. — Juillet, *julius*, consacré à Jules César. — Août, *augustus*, consacré à Auguste. Ces deux mois ont porté les noms de *quintilis*, ou 5ᵉ mois, et de *sextilis*, ou 6ᵉ mois. — Septembre, *september*, ou 7ᵉ mois. — Octobre, *october*, ou 8ᵉ mois. — Novembre, *november*, ou 9ᵉ mois. — Décembre, *december*, ou 10ᵉ mois. Ces mois étaient à leur place quand l'année n'avait que dix mois, sous Romulus.

Au rapport de Dion, l'usage de diviser le temps en semaines (*septimanœ*) ne s'est introduit que sous les empereurs, et fut emprunté aux Egyptiens. Nous avons conservé cette division et sa nomenclature, toute païenne qu'elle est. Dimanche, *dominica*, *dies Domini*, *dies solis*, jour du Soleil. — Lundi, *dies lunœ*, ou *lunœ dies*, jour de la lune. — Mardi, *Martis dies*, jour de Mars. — Mercredi, *Mercurii dies*, jour de Mercure. — Jeudi, *Jovis dies*, jour de Jupiter. — Vendredi, *Veneris dies*, jour de Vénus. — Samedi, *sabathi dies*, jour du repos, suivant la loi judaïque.

DE LA MESURE DU TEMPS.

On mesure le temps par les révolutions diurnes du Soleil. Le jour civil, composé d'un jour et d'une nuit, est le temps qui s'écoule entre le passage du Soleil au même méridien, ou le temps d'un midi au midi suivant. On divise cette durée en 24 heures, que l'on compte à partir de minuit : c'est le jour *civil*. Les astronomes la comptent à partir de midi depuis o jusqu'à 24 : c'est le jour *astronomique*.

Mais la Terre, dans sa double révolution annuelle et diurne, avançant tous les jours vers l'orient, ne se trouve jamais, après chacune de ses révolutions diurnes, vis-à-vis le même point du ciel où elle était 24 heures auparavant. Si le Soleil passe au méridien en même temps qu'une étoile, le lendemain celle-ci le devancera, et y reviendra un peu avant cet astre, à cause de l'espace apparent qu'il décrit vers l'orient. Il suit de là que le jour solaire est plus long que le jour sidéral (environ 4 minutes), et qu'il faut ajouter chaque jour quelque chose au premier pour égaler le second. D'ailleurs, cette inégalité n'est pas toujours la même, par la différence de vitesse du Soleil dans les divers points de son orbite, et par l'inégalité des actes de l'écliptique décrits chaque jour. Il suit de là qu'une horloge parfaitement réglée, ne demeurera pas d'accord avec le soleil; et si cet accord a lieu dans un an, dans l'espace de 365 ou 366 jours, elle aura tantôt avancé, tantôt retardé. Ces inégalités peuvent aller jusqu'à un quart d'heure (15 minutes).

Il y a donc trois manières de mesurer le temps : 1° l'heure vraie que nous donne le Soleil: cette heure, la plus utile dans l'usage civil, est exactement indiquée par les cadrans solaires; 2° l'heure sidérale, marquée par le retour des étoiles au même lieu; c'est cette heure que préfèrent les astronomes; 3° enfin, l'heure moyenne ou le temps moyen marqué par l'horloge, et que mesurerait la révolution uniforme du Soleil dans l'équateur.

Dans l'usage ordinaire de la division du temps, on ne tient pas compte de ces inégalités des jours solaires, parce qu'une pareille exactitude est tout-à-fait superflue; mais elle est nécessaire aux astronomes, qui ne sauraient apporter dans leurs observations et dans leurs calculs une trop rigoureuse précision. Les horlogers-mécaniciens ont imaginé depuis long-temps, pour cet usage, des *pendules à équation*, destinées à donner l'heure vraie et l'heure moyenne. Elles ont deux aiguilles à minutes, dont l'une indique par sa marche régulière *le temps moyen*, tandis que l'autre, retardée ou avancée par un mécanisme particulier, de manière à être toujours d'accord avec le Soleil, marque *le temps vrai*.

Dans la combinaison de l'heure vraie et de l'heure moyenne, il y a accord le 15 avril et le 23 décembre; mais dans l'intervalle, l'heure moyenne avance ou retarde; ainsi:

Le 15 avril, accord;

Le 14 et 15 mai, la pendule retarde de 3′ 58″;

Le 15 juin, accord;

Les 25 et 26 juillet, la pendule avance de 6′ 6″;

Le 31 août, accord;

Le 1er et 2 novembre, la pendule avance de 16′ 15″: c'est la plus grande équation du temps;

Le 23 décembre, accord;

Les 11 et 12 février, la pendule avance de 14′ 36″.

On voit, d'après ces inégalités, qu'une horloge bien réglée ne peut s'accorder avec le temps vrai que quatre fois dans l'année, que tous les autres jours elle doit avancer et retarder, selon que la longitude moyenne du Soleil sera plus petite ou plus grande que son ascension droite vraie : ainsi, la connaissance de ces variations est indispensable pour régler les pendules ou les montres.

Le Soleil parcourt en un an les douze signes du zodiaque. La durée de cette marche dans chaque signe est inégale : en l'évaluant au temps moyen, on trouve que cet astre parcourt les trois signes du printemps en 92 jours, 21 heures, 44 minutes ; les trois signes de l'été en 93 jours, 13 heures, 34 minutes ; les trois signes de l'automne en 89 jours, 16 heures, 26 minutes ; les trois signes de l'hiver en 89 jours 2 heures. Ainsi le printemps et l'été, ou la saison des chaleurs, durent huit jours de plus dans l'hémisphère boréal, et par conséquent huit jours de moins dans l'hémisphère austral. Cette cause, celle de l'étendue des continens et de leur prolongation vers notre pôle, contribuent ensemble à l'augmentation de la température dans notre hémisphère, à la différence de cette température sous les mêmes latitudes des hémisphères opposés, et à tous les avantages et désavantages qui en dérivent.

DU NOMBRE D'OR.

Le nombre d'or, ou cycle lunaire, est une révolution de 19 années solaires, après lesquelles le soleil et la lune reviennent au même point, à une heure et demie près, de sorte que les nouvelles lunes retombent aux mêmes jours du mois : ainsi, en composant 19 tables donnant les phases pour autant d'années, il ne s'agira plus que d'adapter à l'année courante la table qui lui convient ; 19 almanachs successifs peuvent être employés au même usage. Ce calcule ou cycle, imaginé par Méton, astronome grec, fut reçu par les Athéniens, ses compatriotes, avec tant de reconnaissance, qu'ils le firent graver en lettres d'or sur des monumens publics. L'année qui précéda notre ère fut la première du cycle lunaire.

DE L'ÉPACTE.

L'ÉPACTE est le nombre de jours dont l'année solaire commune surpasse l'année lunaire, en faisant commencer ces deux années en même temps : c'est l'âge de la lune moyenne au commencement de la 2e année. Cette différence est de 11 jours : ces 11 jours sont l'épacte de la 2e année. Celle de la 3e est 22, de la 4e 33. On forme de ce nombre un mois intercalaire en retranchant trois unités, qui sont l'épacte de la 4e année. Celle de la 5e est 14, de la 6e 25, de la 7e 36 — 30 ou 6, de la 7e 17. On trouve ainsi, pour les années successives, 28, 9, 20, 1, 12, 23, 4, 15, 26, 7, 18, 29. On trouvera ainsi, pour les valeurs de l'épacte correspondantes à chaque nombre d'or :

Nombre d'or. I — II — III — IV — V — VI —
Épactes. 0 — 11 — 22 — 3 — 14 — 25 —
VII — VIII — IX — X — XI — XII — XIII —
6 — 17 — 28 — 9 — 20 — 1 — 12 —
XIV — XV — XVI — XVII — XVIII — XIX.
23 — 4 — 15 — 26 — 7 — 18.

Les épactes servent à indiquer, pendant toute l'année, le jour de la nouvelle Lune. Elles se placent, dans quelques calendriers, dans un ordre direct suivant l'année, et dans un ordre rétrograde suivant le mois. D'après cet arrangement, il est facile de trouver ce jour. Si l'épacte de l'année est 11, il restera 19 jours jusqu'à la nouvelle Lune ;

mais l'épacte étant placée en nombre inverse, suivant les mois, et 30 appartenant au 1er de l'année, en suivant les épactes jusqu'à ce qu'on ait rétrogradé de 19, on arrive à l'épacte 11, et au jour de la nouvelle Lune.

LETTRE DOMINICALE ET CYCLE SOLAIRE.

Pour exprimer la relation des jours de l'année avec ceux de la semaine, et pour donner à ceux-ci un ordre perpétuel, on les a désignés par les 7 premières lettres de l'alphabet : A, B, C, D, E, F, G. En sorte que, quand cet ordre commence avec l'année, A répond au 1er janvier, B au 2, C au 3, etc. ; A au 8, B au 9, etc. Les sept jours de la semaine se trouvent ainsi représentés par ces sept premières lettres, qui forment des périodes continuelles, en présentant les mêmes lettres pour les mêmes jours. Ainsi, quand on connaît la lettre dominicale d'une année, c'est-à-dire celle qui répond au 1er dimanche, on connaît facilement, par la répétition de cette même lettre, tous les dimanches de cette année. Or, dans une année commune de 365 jours, il y a 52 semaines et 1 jour : ce jour étant le 1er de la 53e semaine, une année commune doit donc commencer et finir par le même jour de la semaine. Il suit de là que, si une année commence par un dimanche, elle finira aussi par un dimanche ; que l'année suivante commencera par un lundi, qui répondra à la lettre A, et le dimanche suivant à la lettre G. Cette lettre G sera donc la lettre du dimanche de cette année ou la lettre *dominicale*.

On a donné à cette période le nom de *cycle solaire*, parce que les Romains appelaient le dimanche, le jour du Soleil, *dies solis*.

Le même ordre de lettres dominicales se renouvelleraît tous les sept ans, s'il n'était pas interrompu par les années bissextiles. L'année bissextile ajoute un jour de plus à l'année, sans en ajouter un à la semaine : il y aura donc deux lettres dominicales pour chaque année bissextile ; la première servira jusqu'au jour intercalaire, la seconde le reste de l'année.

Toutes les périodes du cycle solaire dans les années communes et bissextiles se complètent en 28 ans : car après sept bissextiles, le même ordre se reproduit.

LA MÉTÉOROLOGIE. RÉCRÉATIVE.

LA MÉTÉOROLOGIE RÉCRÉATIVE.

CHAPITRE I.

DE L'ATMOSPHÈRE.

Constitution de l'atmosphère. — Poids de l'atmosphère. — Couleur de l'atmosphère. — De la réfraction. — Du parhélie. — Du mirage. — Remarques et observations curieuses, anecdotes.

CONSTITUTION DE L'ATMOSPHÈRE.

La Météorologie est la connaissance des phénomènes de l'atmosphère.

L'atmosphère est un fluide élastique et compressible qui entoure notre globe à une hauteur de dix-huit lieues environ; cette atmosphère est entraînée par le mouvement de la Terre à laquelle elle est adhérente, et elle contribue à augmenter sa gravité. L'atmosphère est plus dense près de la surface de la terre par l'effet des vapeurs qui s'exhalent de cette surface; et, par une conséquence rigoureuse, l'air de l'atmosphère se raréfie en raison de son élévation ; il se condense par l'humidité, et se dilate par la chaleur, ce qui empêche l'atmosphère de se maintenir dans un équilibre parfait, et ce sont ces changemens qui produisent les vents.

L'atmosphère est composé de principes très-distincts. Le principal est l'air respirable, formé de deux gaz, l'oxigène et l'azote.

Ensuite viennent : 1° le gaz acide carbonique, résultant de deux grands phénomènes, la combustion et la respiration des animaux, et qui est indispensable à la nutrition des végétaux ; 2° la vapeur d'eau, qui, tantôt est presque nulle, tantôt donne lieu, par son abondance, à l'humidité, aux brouillards, aux nuages, à la pluie, etc ; 3° bien d'autres vapeurs encore, des gaz, des émanations, des miasmes, tous produits de matières végétales et animales en décomposition ; 4° enfin, une foule de petites parcelles presque invisibles, détachées des corps solides : telles sont la poussière, le pollen des fleurs, nombre de particules salines, etc.

La plus grande partie de ces principes constituans de l'atmosphère sont donc des fluides ou gaz, c'est-à-dire, des corps qui ne sont ni liquides, ni solides. Cependant il arrive que l'on donne également le nom de fluides à des corps qui s'offrent à l'état liquide.

POIDS DE L'ATMOSPHÈRE.

L'expérience prouve que par le poids de l'air extérieur, une colonne d'eau d'un peu moins de 32 pieds de haut était soutenue dans un tube dont l'orifice supérieur est bouché hermétiquement par le poids de l'air extérieur, poids qui fait aussi équilibre à une colonne de mercure de 28 pouces; il résulte de ces expériences qu'une colonne d'air atmosphérique pèse autant qu'une colonne d'eau ayant même base et 32 pieds de hauteur. Au moyen de cette donnée il est facile de calculer le poids total de la masse d'air qui enveloppe le globe terrestre. On conçoit que ce poids est égal à celui d'une sphère ou boule creuse d'eau de 32 pieds d'épaisseur et dont le diamètre moyen serait de 12,727,727 mètres.

COULEUR DE L'ATMOSPHÈRE.

C'est à la vapeur qui forme l'atmosphère qu'est due la belle couleur d'azur qu'on admire dans un ciel sans nuages; en effet, il est prouvé par le raisonnement, et constaté par l'expérience, que si l'atmosphère venait à disparaître tout-à-coup, la voûte des cieux nous offrirait des profondeurs effrayantes dans lesquelles les étoiles brilleraient au milieu des ténèbres comme des lampes lugubres; des voyageurs parvenus au sommet de hautes montagnes où l'air était déjà considérablement raréfié ont eu occasion d'observer ce triste spectacle.

C'est notre atmosphère qui, en réfléchissant la lumière du soleil, nous annonce tous les matins l'approche de cet astre sur l'horizon, et qui, par une cause semblable, nous conserve sa clarté le soir, quelque temps après qu'il a disparu à nos yeux. L'*aurore* commence le matin, dans les climats tempérés, lorsque le soleil est à 18 degrés au-dessous de l'horizon; et il en est ainsi à l'égard du *crépuscule*, qui est la clarté décroissante qui succède à sa disparution ou à son coucher. La durée de l'aurore et celle du crépuscule diminuent à mesure que l'on s'approche du plan de l'équateur, où elles deviennent presque nulles; tandis qu'elles s'augmentent sensiblement davantage à mesure que l'on s'avance vers l'un ou l'autre pôle, où elles durent, selon la position du soleil à leur égard, jusqu'à deux mois entiers.

DE LA RÉFRACTION.

Les astres, un instant avant leur lever, nous paraissent être déjà arrivés sur l'horizon, quoiqu'ils soient réellement encore au-dessous de lui; et par la même cause, ils nous paraissent toujours plus élevés qu'ils ne le sont vraiment, c'est ce qu'on nomme la *réfraction*. Ce phénomène est produit par la résistance qu'éprouvent les rayons de la lumière dans l'atmosphère. Ce qui vient à l'appui de cette assertion, c'est que la réfraction est plus forte dans l'hiver, pendant lequel temps l'atmosphère a plus de densité. La réfraction est nulle quand l'astre est arrivé au zénith, parce qu'alors les rayons de la lumière tombant perpendiculairement sur la surface de la terre, ne peuvent point être réfractés.

DU PARHÉLIE.

Le Parhélie est un phénomène céleste qui fait apercevoir plusieurs soleils à la fois, et plus ou moins distinctement. Le nombre des faux soleils varie; on en voit quelquefois deux, trois; on en a même vu jusqu'à six au même instant. Ces images sont de la même grandeur que le Soleil, mais leur figure varie d'un moment à l'autre. En général, elles ne sont point aussi rondes que le Soleil, et leur éclat est moins vif. On croit que ce phénomène est produit par la réflexion qu'occasionnent dans l'atmosphère des particules glaciales ; au moins est-il certain que les parhélies ne peuvent avoir lieu que par l'effet d'un épaississement dans l'atmosphère.

DU MIRAGE.

Les marins ont observé depuis long-temps que, dans certaines circonstances, les objets tels qu'un vaisseau aperçu dans le lointain offrent deux images, dont une les représente dans la situation où ils sont réellement, et l'autre dans une situation renversée : ils ont donné à ce phénomène le nom de *mirage*.

Ce phénomène se produit aussi sur terre. Voici à quels signes on le reconnaît ; l'espace où l'on se trouve paraît terminé à une lieue de distance par une inondation générale ; les villages qu'elle environne semblent des îles situées au milieu d'un grand lac ; les arbres, les maisons paraissent dans une situation renversée, comme les arbres qui sont sur le bord d'un étang, d'une rivière. Cette inondation apparente fuit à mesure qu'on s'en approche ; mais elle se reproduit successivement, si la plaine est d'une étendue suffisante.

Voici comment M. Monge a expliqué le phénomène du mirage, qu'il avait observé plusieurs fois en Egypte, lors de notre expédition : Au milieu du jour, le sol étant très-échauffé par le Soleil, la couche d'air qui se trouve immédiatement sur sa surface acquiert aussi une température fort élevée ; elle se dilate (augmente de volume), et devient moins compacte que les autres couches d'air qui sont plus loin du sol.

Les rayons de lumière qui partent des parties basses du ciel, et qui, après avoir traversé les couches plus compactes d'air, arrivent sur la couche chaude, se réfléchissent comme passant d'un milieu plus dense dans un milieu moins dense. Semblable chose arrive à un rayon de lumière qui, venant de traverser une certaine masse d'eau, passe dans l'air. Le rayon réfléchi se relève, et parvient à l'œil du spectateur, qui se trouve dans une couche d'air moins chaud que celui qui est en contact avec le sol; le rayon parti d'un point ayant changé de direction, par l'effet de la réflection qu'il a subie, le spectateur supporte l'image de ce point du ciel au-dessous de l'horizon réel. Dans ce cas, si rien n'avertit de l'erreur, on croit que les limites de l'horizon sont plus près et plus basses qu'elles ne le sont en réalité.

REMARQUES

ET OBSERVATIONS CURIEUSES, ANECDOTES.

Les matières animales et végétales se décomposant, et les liquides allant se perdre dans l'atmosphère par suite de l'évaporation, il en résulte que l'atmosphère doit restituer ces substances en tout ou en partie, sans quoi son volume augmenterait tant, qu'il y aurait de l'eau dans l'Océan et des végétaux sur la terre. Cette restitution a lieu, car les vapeurs d'eau suspendues dans l'atmosphère se condensent, retombent en pluies sur le sol; et les matières qui entrent dans la composition des végétaux sont fournies presque entièrement par l'atmosphère; en voici une preuve : prenez une caisse pleine de terre, semez-y une graine, pesez le tout, et quand la plante provenant de la graine aura acquis tout le développement dont elle est naturellement susceptible, vous l'arracherez, et si vous pesez de nouveau la caisse, vous trouverez qu'elle n'aura pas diminué sensiblement de poids, quoique celui de la plante soit de plusieurs livres : il est donc faux de dire que c'est la terre qui produit les arbres, les plantes, etc.; le rôle qu'elle joue dans les phénomènes de la végétation se réduit à peu près à attirer autour des plantes les matières qui doivent entrer dans leur composition, et qui sont suspendues dans l'atmosphère.

On a calculé que le poids de l'air qui presse le corps d'un homme de taille moyenne, équivaut à 37 mille livres.

Toutefois ce poids énorme ne nous est pas sensible, parce qu'agissant dans tous les sens et entrant aussi dans notre poitrine, il se compense et se détruit lui-même, parce qu'ainsi il est en proportion avec la force élastique intérieure du corps. Si cette pression cessait, le sang, qui ne serait plus suffisamment refoulé, s'échapperait à travers nos pores.

C'est ce qui commence à arriver lorsque, à l'aide d'un ballon, l'on s'élève à des hauteurs considérables dans l'atmosphère : aussi les meilleurs aéronautes, arrivés à une certaine hauteur, sont-ils forcés de redescendre.

En 1801, M. Gay-Lussac s'est élevé à près de vingt-deux mille pieds au-dessus de Paris; cette hauteur qui est de onze cents toises au-dessus du Mont-Blanc est la plus grande à laquelle l'homme soit parvenu.

C'est sur la faculté reconnue au gaz hydrogène de s'élever au-dessus des couches de l'atmosphère, qu'est basée la théorie des aérostats. On doit cette découverte à Mongolfier, qui, au moyen de la fumée de la paille mouillée, fit les premières expériences aérostatiques. Pilâtre-des-Rosiers et Darlandes furent les premiers qui osèrent traverser les airs dans cette frêle machine.

Bien que l'invention des ballons soit vraiment admirable, elle est bien loin de répondre aux espérances qu'elle fit d'abord concevoir. Le ballon lancé dans l'atmosphère, flotte au gré des vents et des courans souvent opposés. On n'est point encore parvenu, malgré des essais multipliés, à gouverner ces navires aériens, qui ne sont que des objets de curiosité. L'année dernière (1834), [illegible] de Lennox fit construire un immense navire aérien qui devait être monté par trente personnes, et qu'il espérait pouvoir diriger; mais quelques instans avant l'heure fixée pour l'ascension, cet énorme ballon rompit les filets dans lesquels il était retenu, s'éleva à une hauteur de cent pieds environ, et fit explosion. Cela toutefois ne découragea point quelques intrépides aéronautes, et l'un d'eux, M. Dupuis-Delcourt, affirme que la direction des ballons n'est plus qu'une question d'argent qu'il se chargerait de résoudre, si le gouvernement voulait lui avancer les fonds nécessaires, c'est-à-dire un million. Nous pensons qu'il s'écoulera encore bien du temps avant que cette dépense figure au budget.

CHAPITRE II.

DE LA CHALEUR ET DU FROID.

Principes de la chaleur et du froid. — Anecdotes. — Observations. — Du thermomètre. — Des vents. — Rose des vents. — Des ouragans. — Des trombes. — Des vents locaux. — Anecdotes, observations.

PRINCIPES DE LA CHALEUR ET DU FROID.

La chaleur et le froid procèdent d'un même principe que l'on nomme calorique, le froid n'est pas un agent particulier, mais il est produit par une diminution de chaleur, diminution qui peut aller à l'infini, ou du moins à laquelle on n'a pu jusqu'à présent, assigner un terme; de sorte qu'il n'y a point, pour notre atmosphère, de froid absolu.

Le calorique est un fluide invisible, incolore, inodore, impondérable; c'est seulement par les effets qu'il produit, qu'on peut en démontrer l'existence. Ce fluide, qui est doué d'une grande élasticité, pénètre tous les corps, les dilate sans en augmenter la pesanteur, au moins d'une manière sensible, et les fait passer de l'état solide à l'état liquide, et de ce dernier, à l'état de fluide. Le calorique tend sans cesse à se mettre en équilibre dans tous les corps; de sorte qu'un corps froid que l'on met en contact avec un corps chaud, soustrait une partie du calorique de ce dernier, jusqu'à ce qu'il y ait équilibre. Le calorique s'échappe en rayonnant comme la lumière, et cette dernière semble être la cause première de la chaleur de notre atmosphère. L'extrême froid et l'extrême chaleur produisent des effets à peu près semblables.

ANECDOTE, OBSERVATIONS.

Des académiciens français ayant été envoyés au nord de la mer Baltique pour y faire des observations scientifiques, éprouvèrent un froid si intense, qu'ils ne pouvaient toucher une pierre ou quelque ferrement, sans que la main ne s'y collât; l'humidité de leur haleine se convertissait en givre sur leurs lèvres, et ils éprouvaient des douleurs d'entrailles presque aussi fortes que s'ils eussent avalé quelque liquide bouillant.

Que l'on fasse geler une parcelle de mercure, et qu'on la pose ensuite sur la main, on éprouvera une douleur semblable à celle que produirait un charbon ardent, et la peau s'enflammera comme si elle avait été réellement brûlée.

Les animaux et les végétaux résistent au froid, tant que celui-ci n'est ni assez intense ni assez durable pour éteindre toute action vitale dans ces êtres. Il y a des poissons, tels que l'anguille, des mollusques, des œufs d'insectes, qui ne périssent pas, même après avoir été roidis par la gelée; les mousses, les lichens, quelques espèces de graminées, résistent au froid épouvantable du Groënland et de la Nouvelle-Zemble. M. de Saussure trouva sur le mont Blanc le *silene-acaulis*, à la hauteur de plus de 10 mille pieds, et les *lichen sulfureus et rupestris* sur les rochers les plus élevés de cette montagne.

DU THERMOMÈTRE.

Le thermomètre est un instrument au moyen duquel on mesure les différens degrés de chaleur; il consiste en un cylindre creux terminé par un tube, et contenant du mercure ou de l'esprit de vin coloré. Ces liquides, étant dilatés par la chaleur et concentrés par le froid, il en résulte qu'ils s'abaissent ou qu'ils s'élèvent selon le changement de température du lieu où on les expose. Depuis le degré de température de la glace fondante jusqu'au degré de chaleur de l'eau bouillante on marque, sur le thermomètre de Réaumur, 80 degrés.

Les divisions sous 0 du même thermomètre indiquent l'abaissement de la température au-dessous de la glace; elles n'ont point de terme connu.

Le thermomètre centigrade divise en cent degrés l'air de 80° du thermomètre de Réaumur; ainsi, 5° du thermomètre centigrade n'en valent que 4 du thermomètre de Réaumur, et réciproquement.

Le thermomètre de Fareinheit divise l'échelle de Réaumur en 180 parties, et commence à compter à 32° au-dessous de 0 de la même échelle, ce qui porte le nombre de ses divisions à 212°. Ainsi, 9°

du thermomètre de Fareinheit valent 4° du thermomètre de Réaumur, ou 5° du thermomètre centigrade, et réciproquement.

Ces trois espèces de thermomètres sont aujourd'hui les plus en usage dans notre climat.

Les variations du thermomètre sont, dans un jour serein, à peu près de 8° ; les plus grands changemens ont lieu le matin et le soir.

L'homme est peu affecté par une variation de 4° ; il l'est sensiblement par une variation de 10.

Quand on s'élève sur les montagnes, les variations du thermomètre centigrade sont de 1° (1° 1/4 T. R.) pour 191 mètres. (Humboldt, *Observations faites sous la zône torride.*)

La température de l'air diminue, de la surface de la terre aux limites de l'atmosphère, dans un rapport qui est bien loin d'être uniforme et d'être rigoureusement connu.

Au temps des équinoxes, la chaleur sous la ligne est à celle qui règne sous le 60° parallèle boréal, comme 2 est à 1. (Halley.)

L'étendue des variations du thermomètre, à commencer depuis les plus grandes chaleurs, mesurées au Sénégal, jusqu'aux plus grands froids, mesurés en Sibérie, est de 75°. Cette variation extrême n'est à Paris que de 43 à 44°, et dans les années tempérées, de 29 à 30. La chaleur de l'atmosphère y atteint rarement 28 à 30°, et le froid 15 à 16 sous 0. Cette variation diminue comme la latitude ; elle est seulement de quelques degrés sous la zône torride.

Dans toutes les latitudes, la chaleur de l'atmosphère ne passe jamais 32 à 34° R. Au-delà de ce terme elle est occasionnée par des influences étrangères à la cause productive de ce fluide, telles que la réverbération, la concentration, etc; mais cette même chaleur diminue sans terme. Il est présumable que l'abaissement extrême du thermomètre observé en Sibérie et à la Nouvelle-Zemble est encore surpassé par son abaissement au nord du Spitzberg et sous le pôle.

Sous le climat de Paris, année commune, le plus grand abaissement du thermomètre a été observé du 25 décembre au 10 janvier, qui est par conséquent le terme du plus grand froid; et sa plus grande élévation du 13 juillet au 7 août.

D'après Mairan, la plus grande chaleur moyenne est de 26° T. R.

DES VENTS.

Le mouvement rapide de l'air produit ce météore aérien auquel on donne le nom de *Vent*. Ce phénomène, accompagné du déplacement successif des couches de l'atmosphère, a la plus grande ressemblance avec les eaux de l'Océan agitées par les courans ou la tempête. Les marées atmosphériques, connues des physiciens, et si bien observées par M. de Humboldt, présentent un nouveau point d'analogie entre ces deux phénomènes (V. les observations faites sous l'équateur par ce savant): ainsi les vents sont, à proprement parler, des *courans d'air*; on ne saurait mieux les définir.

Toutes les causes qui peuvent occasionner une rupture d'équilibre dans l'atmosphère produisent les vents. Ces causes sont nombreuses et purement du ressort de la physique; leur théorie n'a, jusqu'à ce jour, rien de certain ni d'invariable. Les principales causes auxquelles on attribue les vents sont :

1° L'attraction du soleil et de la lune.

2° Le passage du fluide électrique de la terre à l'atmosphère, et réciproquement;

3° La vaporisation de l'eau et la raréfaction des vapeurs;

4° La chaleur et le froid;

5° Le mouvement de rotation de la terre.

On divise les vents 1° en vents *généraux* ou *constans*, qui soufflent toujours du même côté, tels sont les *vents alisés*, qui se font remarquer entre les deux tropiques, et qui soufflent constamment d'orient en occident: ils appartiennent à l'Océan;

2° En *vents périodiques* ou *réglés*, qui soufflent périodiquement d'un point de l'horizon dans un temps, et d'un autre point dans un autre temps, tels sont les *moussons* de l'Océan indien; les vents *de terre* et *de mer*, qui soufflent le matin de la mer à la terre, et le soir de la terre à la mer, comme dans les Antilles: ce n'est qu'à la surface de l'Océan que règnent les vents périodiques ou réglés;

3° En vents *inconstans* et *variables*, qui soufflent tantôt d'un côté, tantôt d'un autre, avec de fréquentes variations dans leur direction, dans leur intensité et dans leur durée: on peut les comparer à des fleuves d'air qui coulent tantôt avec lenteur, tantôt avec impétuosité, et plus rapidement au milieu de leur lit que sur les bords.

ROSE DES VENTS.

Pour distinguer les vents avec méthode et précision on prendra un cercle, un plateau de bois ou de pierre dont on divisera le contour en 32 parties égales ; on fixera ce plateau dans un lieu découvert, ayant soin que sa position soit horizontale ; un piquet qui s'élevera du centre du plateau portera une girouette ; il sera en outre nécessaire que parmi les 32 divisions du plateau il y en ait quatre qui répondent aux quatre points cardinaux ; *est* (levant), *ouest* (couchant), *sud* (midi), *nord* (septentrion). Si, par exemple, la girouette s'arrête sur la division sud, on en conclura que le vent souffle directement du nord vers le midi, etc.

DES OURAGANS.

C'est surtout sous la zône torride que les ouragans sont fréquens et terribles ; ils sont rares dans nos climats et presque inconnus dans les régions qui avoisinent les pôles ; la force de ces vents est quelquefois si énergique, qu'ils déracinent les arbres, renversent les édifices.

Les ouragans se meuvent, comme les autres vents, en ligne droite, et parcourent plusieurs centaines de lieues sans presque diminuer de force ; on croit en avoir éprouvé dont la vîtesse était de 20 lieues à l'heure. La force qui imprime une telle vîtesse aux molécules de l'air, n'est pas connue : on pense que ces courans extraordinaires sont causés par des pluies abondantes et subites qui laissent un vide dans les régions de l'atmosphère où étaient suspendues les vapeurs aqueuses qui les ont produites.

DES TROMBES.

Les causes de ces météores plus extraordinaires, plus singuliers encore que les ouragans, nous sont à peu près inconnues : les uns veulent que ce soient des tourbillons produits par des vents qui soufflent en sens contraires ; d'autres prétendent que le fluide électrique joue un grand rôle dans les phénomènes de cette espèce.

DES VENTS LOCAUX.

On appelle vents locaux ceux qui soufflent exclusivement dans certaines régions. Les principaux sont la bise, vent froid et perçant, qui souffle dans le voisinage des hautes montagnes ; le sirocco, vent chaud, humide, énervant, particulier aux côtes sud de l'Italie sur la Méditerranée ; l'harmattan, vent froid, desséchant, qui agit fréquemment en Afrique et dans quelques contrées orientales ; le samiel ou simoun, aride, chargé souvent de miasmes pestilentiels, et qui vient avec une horrible furie du fond des déserts de l'Afrique, rouler des colonnes de sables disséminées en parcelles impalpables dans les yeux, dans les oreilles et dans le larynx des habitans de la Barbarie, de l'Egypte et de l'Arabie ; enfin, en France même, le mistral à Marseille, la tramontane dans le Dauphiné, les vaccarions ou cavaliers à Montpellier, le vent de Pas dans le petit vallon de Blaud, et le pontias sur le territoire de Nions, dans le département de la Drôme.

ANECDOTES, OBSERVATIONS.

Le vent appelé samiel, qui vient, en Italie, de la côte d'Afrique, et qui se fait sentir jusque sur nos côtes méridionales, est chargé de vapeurs les plus étouffantes. L'atmosphère, qui est alors d'un gris bleuâtre, est embrasée et chargée de poussière fine qui pénètre partout; on se croit à la gueule d'un four. Ordinairement ce vent règne par un temps calme; le Soleil pâlit, change de couleur et de diamètre; ses rayons paraissent brisés. La mer est calme, l'eau en est brûlante; les poissons languissent, paraissent expirans. Dans l'air, les oiseaux volent dans les plus basses régions. Les chiens se cachent, les chats entrent en fureur, les poules courent çà et là, les mulets s'agitent et aspirent l'air, les cochons se vautrent; l'homme est accablé et sent ses facultés s'engourdir; les forces lui manquent; sa respiration devient pénible et haletante, une chaleur sèche dévore sa peau. La violence de ce vent est telle, dit le voyageur Niebuhr, qu'il fait jaillir le sang avec impétuosité par le nez et les oreilles, et qu'en moins de deux heures les cadavres deviennent bleus, et se putréfient tellement, que les membres s'en détachent dès qu'on les touche. Tels sont les symptômes de ce vent chaud du désert, appelé avec tant de raison *vent empoisonné*.

En 1825 on éprouva à la Guadeloupe un ouragan si terrible, qu'un édifice neuf, construit solidement aux frais de l'Etat, eut une de ses ailes entièrement détruite; les tuiles volaient dans les airs avec tant de vitesse, que plusieurs traversèrent des portes épaisses, comme auraient fait des projectiles lancés par une bouche à feu; une planche de sapin, lancée comme une flèche, traversa d'outre en outre la tige d'un palmier de 17 pouces de diamètre; enfin l'ouragan rompit une grille de fer et poussa 3 canons de 24 jusqu'à l'épaulement de la batterie qui les renfermait.

Le 6 juillet 1822, dans la plaine d'Ossonval, village situé à six lieues de Saint-Omer, à 1 heure 35 minutes de l'après-midi, des nuages venant de différens points, se rassemblaient rapidement au-dessus de la plaine; bientôt ils n'en formèrent qu'un, du sein duquel on vit descendre un instant après une vapeur bleuâtre semblable à la couleur de la flamme du soufre en combustion; cette vapeur prit la forme d'un cône (celle d'un pain de sucre) renversé dont la base s'appuyait sur la nue. La partie inférieure du cône qui descendait sur la terre forma bientôt en tournoyant avec une vitesse considérable, une masse oblongue d'environ 30 pieds de diamètre; cette masse détachée du nuage s'éleva tout-à-coup avec un bruit comparable à l'explosion d'une bombe de gros calibre qui éclate, laissant sur la terre un enfoncement circulaire de 25 pieds de diamètre et de trois ou quatre de profondeur. A cent pas de là, la trombe franchit une haie, brise, enlève les têtes de plusieurs arbres, en arrache d'autres dont elle porte les troncs à plus de 60 pieds d'élévation, et, après avoir détruit une grange, parcourt une distance de deux lieues sans toucher à terre, emportant de très-grosses branches d'arbres qu'elle disperse avec bruit. Des paysans qui se trouvèrent sur son passage et qui avaient observé les effets de sa violence, n'échappèrent au danger qu'en se couchant auprès de leurs charrues.

La trombe tournait dans sa marche à la manière d'une toupie, de temps en temps il sortait de ses flancs des globes de feu, de vapeurs, avec un bruit pareil à l'explosion d'un fusil. Sa marche s'annonçait par un fracas comparable à celui d'une voiture pesante qui court avec rapidité sur le pavé;

ayant rencontré un village composé de 40 habitations, elle en détruisit 32.

A trois heures les désastres avaient cessé ; le ciel était presque entièrement découvert, et le tonnerre, qui n'avait cessé de se faire entendre de tous les point de l'horizon, finit en même temps que la trombe.

CHAPITRE III.

DES MÉTÉORES AQUEUX.

Des vapeurs et des nuages. — Du brouillard. — De la pluie. — Du serein et de la rosée. — De la neige et du grésil. — De la grêle. — De la glace. — Du verglas et du dégel.

DES VAPEURS ET DES NUAGES.

C'est de la surface de l'océan que s'élèvent continuellement les élémens des nuages, des pluies, et de tous les autres météores aqueux. L'eau, vaporisée par le soleil, s'élève dans l'atmosphère; ces vapeurs se condensent, se rapprochent, et forment les nuages. Lorsque les nuages sont agités par le vent et éclairés par les rayons du Soleil, ils offrent a nos regards une foule de figures bizarres qui ressemblent quelquefois à des forêts, des fleuves, des îles. Les plus celèbres navigateurs ont souvent pris pour des îles, des masses de nuages qui s'évanouissaient alors que l'on faisait voile pour y aborder.

DU BROUILLARD.

Les brouillards sont des nuages qui, par le défaut de chaleur raréfiante, demeurent dans les couches inférieures de l'atmosphère, et descendent du sommet des montagnes dans nos plaines. Les brouillards sont des nuages terrestres, les nuages sont des brouillards aériens. Les brouillards à l'entrée de l'hiver se changent souvent en brume, en givre, en frimas; en s'élevant, ils se changent en pluie, et l'annoncent presque toujours. Ils sont généraux ou partiels, plus ou moins épais, plus ou moins humides et froids, et souvent chargés de parties hétérogènes, de gaz et de miasmes putrides.

DE LA PLUIE.

Lorsque l'humidité, en suspension dans l'atmosphère, se condense très-fortement et rapidement, de manière à former des gouttes plus pesantes que l'air qui les soutient, la pluie tombe aussitôt; même sans production intermédiaire d'un nuage.

La hauteur moyenne de l'eau tombée dans l'espace d'une année sous notre lattitude est de 19 pouces 1 ligne (53 centimètres), y compris la neige et la grêle fondues. L'année 1711 a donné 25 pouces 2 lignes; l'année 1723, seulement 7 pouces 8 lignes.

En 1786, le nombre des jours pluvieux a été de 156, et la hauteur moyenne des eaux tombées, de 22 pouces 7 lignes.

En 1787, le nombre des jours pluvieux a été

de 168; la hauteur moyenne de l'eau tombée, de 22 pouces 6 lignes.

En réunissant ces deux dernières années, on a 324 jours pluvieux, et 45 pouces 1 ligne d'eau tombée. En réunissant pareillement l'eau tombée en 1816 et 1817, on trouve 325 jours de pluie, et 45 pouces d'eau tombée. Ainsi, il y a parité entre ces années. On assurait cependant que, de mémoire d'homme, on n'avait vu d'année, (1816) durant laquelle il eût autant plu.

La plus grande quantité d'eau tombée dans notre région, en 24 heures, a été de 3 pouces 5 lignes.

DU SEREIN ET DE LA ROSÉE.

La rosée est produite par le refroidissement des couches inférieures de l'atmosphère, occasionné par le rayonnement ou l'exhalation, dans l'atmosphère, du calorique absorbé par la surface de la terre pendant le jour.

La rosée aérienne est produite par la condansation des vapeurs à l'approche de la nuit: c'est le *serein*. Il tombe abondamment après un jour chaud. Nulle humidité n'est plus pénétrante; rien n'y résiste, ni les tissus les plus serrés, ni même le cuir. Il faut éviter ce météore, surtout aux environs des rivières et des marais.

La rosée ne se manifeste ordinairement qu'à la suite d'un jour chaud, et lorsqu'au coucher du soleil le ciel n'est que peu ou n'est point couvert de nuages.

La rosée est plus abondante à l'exposition au

soleil levant : cette dernière exposition est plus favorable à la vigueur des végétaux.

La rosée est constamment globuleuse par l'attraction que les molécules aqueuses exercent les unes sur les autres.

Les vents, qui s'élèvent pendant la formation de la rosée en arrêtent ou en retardent les progrès. Les rosées, toujours abondantes aux pays chauds, suppléent à la pluie, et contribuent pour beaucoup à l'entretien de la végétation.

La rosée est proportionnelle à la chaleur du climat, à la température du jour et à la nature du sol. Ainsi, il y a plus de rosée à Saint-Domingue qu'à Paris, plus en été qu'en hiver, plus dans les pays humides que dans les pays secs, dans les pays incultes que dans les pays cultivés, dans les vallons que sur les montagnes, dans les forêts que dans la plaine.

La rosée est d'autant plus abondante que la différence de température entre le jour et la nuit est plus sensible.

Il n'y a pas de rosée quand un vent chaud succède, à la fin du jour, à un vent froid, quand la Terre a une température plus basse que l'air, quand l'air est desséchant.

DE LA NEIGE ET DU GRÉSIL.

La neige semble tenir le milieu entre la grêle et la pluie; moins solide que la première, elle est plus compacte que celle-ci.

Il est bien probable qu'elle est le résultat de vapeurs congelées subitement dans l'atmosphère; mais pourquoi ne tombe-t-il ordinairement de la neige qu'en hiver? Le froid qui produit la grêle en été ne devrait-il pas former plus souvent de la neige en cette saison?

Les flocons de neige affectent des figures d'étoiles régulières et très-variées; la plupart ont six branches.

Le *grésil* est une sorte de neiges à flocons compacts et arrondis en petites boules semblables à des poids: il en tombe en toute saison dans nos climats; mais surtout dans les mois de mars et d'avril. On dirait que le grésil est une grêle batarde. Quant à la manière dont il se forme, elle nous est totalement inconnue.

DE LA GRÊLE.

Nous empruntons à l'illustre M. Arago, la dissertation suivante sur la grêle.

Au midi de la France, en Italie, en Espagne, etc., c'est dans le printemps et l'été, aux heures les plus chaudes de la journée, que la grêle se forme le plus abondamment. En Europe, elle tombe presque constamment de jour: je dis *presque*, car il n'est pas aussi rare qu'on l'a supposé d'en voir tomber la nuit.

La grêle précède ordinairement les pluies d'orage; elle les accompagne quelquefois, jamais ou presque jamais elle ne les suit, surtout quand ces pluies ont eu quelque durée.

Les nuages chargés de grêle semblent avoir beaucoup de profondeur, et se distinguent des autres nuages orageux par une nuance cendrée très-remarquable. Leurs bords offrent des déchirures multipliées; leur surface présente çà et là d'immenses protubérances irrégulières, elle semble gonflée.

Ces nuages sont généralement très-peu élevés: on a vu des nuages d'où la grêle devait quelques minutes plus tard s'échapper par torrens, couvrir comme un voile épais toute l'étendue d'un vallon, pendant que les collines voisines jouissaient à la fois d'un ciel pur et d'une douce température.

Aux approches de la grêle, l'électricité change alors très-fréquemment, non seulement d'intensité, mais encore de nature: il n'est pas rare dans ces circonstances, de voir les passages du positif au négatif et du négatif au positif, se répéter jusqu'à dix ou douze fois par minute.

On entend quelquefois, avant la chute de la grêle, un bruit, un craquement particulier qu'il serait difficile de mieux définir qu'en le comparant à celui que produit un sac de noix qu'on vide. La plupart des météorologistes croient que les grêlons poussés par les vents s'entrechoquent continuellement dans les nuages qui les portent, et c'est là, suivant eux, l'origine du mugissement dont la chute du météore est précédée. D'autres supposent que les grêlons sont fortement et diversement électrisés; et regardent dès lors le craquement en question comme le résultat des petites décharges électriques mille et mille fois répétées.

La grêle prend des formes assez variées; mais tous les grêlons d'une même averse présentent à peu près des figures semblables,

Les observateurs ont remarqué de bonne heure qu'il y a presque toujours au centre des grêlons un petit flocon de neige spongieux. Cette partie, assez ordinairement, est la seule opaque; les couches concentriques dont elle se trouve entourée ont toute la diaphanéité de la glace ordinaire. Il est donc permis de supposer, et cette remarque a beaucoup d'importance, que le noyau et l'extérieur des grêlons ne se forment pas de la même manière.

Il tombe quelquefois de gros grêlons à centre neigeux, qui sont formés de couches concentriques *alternativement* diaphanes et opaques.

Le poids et la grosseur des grêlons varient considérablement. Le tableau qui suit contient le poids et le volume des grêlons les plus extraordinaires qui aient été recueillis et observés par des physiciens connus.

1697	Angleterre, grêlons pesant 5 onces.	
Id.	*Ibid.*	ayant 14 pouces de tour.
1703	France	gros comme le poing.
1753	*Ibid.*	ayant 3 pouces de diamètre.
1787	*Ibid.*	pesant 9 onces.
1819	*Ibid.*	ayant 9 centimètres de diamètre.

En 1788, la France fut désolée par une grêle affreuse qui exerça ses ravages sur deux bandes, dont une avait 175 lieues de long et l'autre 200. La direction de ces bandes était du sud-ouest au nord-est; la largeur de la bande occidentale était de 4 lieues, celle de l'autre de 2 lieues seulement. La vitesse de l'orage était de 16 lieues et demie à l'heure. Les plus gros grêlons pesaient une demi-livre.

Les dégâts occasionnés en France dans les *mille trente-neuf paroisses* que la grêle de 1788 frappa, se montèrent, d'après une enquête officielle, à vingt-quatre millions, neuf cent soixante-deux mille francs.

Théorie de la grêle. — Le physicien qui veut expliquer le phénomène de la grêle, doit examiner comment est produit le froid qui donne naissance aux premiers noyaux; par quel artifice les grêlons augmentent de volume; quelle est la force qui soutient en l'air, pendant des heures entières, tant de masses de glace du poids de 3, de 4 onces, et même d'une demi-livre; pourquoi l'électricité atmosphérique est si intense; pourquoi elle passe si souvent du positif au négatif, et réciproquement, quand le ciel est couvert de nuages chargés de grêle, etc., etc. Telle est la série de problèmes que l'illustre Volta s'est proposé de résoudre dans la théorie dont je vais essayer de reproduire ici les traits principaux.

Formation des noyaux. — On a déja vu que c'est dans l'été, et même aux heures les plus chaudes de la journée, que la grêle tombe ordinairement. Les nuages d'où elle s'échappe flottent toujours, à cette époque, bien au-dessous de la hauteur, variable avec les climats et les saisons, à partir de laquelle il règne dans l'atmosphère une température au-dessous de zéro. Pour que ces nuages se soient gelés, ils ont dû se trouver soumis à une cause particulière de refroidissement. Guyton-Morveau, Volta, etc., ont pensé qu'il fallait chercher cette cause dans l'évaporation.

Une couche liquide ne peut passer à l'état de vapeur sans emprunter aux corps dont elle est entourée une portion de leur chaleur, c'est-à-dire sans les refroidir. Plus l'évaporation est considérable, et plus aussi le froid qu'elle occasionne est intense.

Les nuages sont composés de vésicules creuses très-petites, dont l'enveloppe extérieure est liquide. Les myriades de ces enveloppes qui forment la face supérieure d'un nuage, doivent éprouver vers midi, au milieu de l'été, une forte évaporation, 1° parce que les rayons solaires qui les frappent ont beaucoup d'intensité; 2° parce qu'elles nagent dans des couches d'air très-sèches. D'autres causes, d'après Volta, contribuent aussi à rendre l'évaporation des nuages intense et rapide; suivant lui, les molécules vésiculaires peuvent être considérées comme un acheminement vers la formation des vapeurs élastiques, et, dans un temps donné, la masse de vapeurs de cette espèce que les rayons solaires développeront en frappant un nuage, devra toujours surpasser ce qu'aurait produit la même quantité de calorique dirigé sur une surface liquide proprement dite. Ajoutons enfin, que l'électricité ne peut manquer de jouer ici un rôle important, car tous les nuages en sont chargés; et les expériences répétées des physiciens ont montré qu'à parité de circonstances, l'évaporation d'un liquide électrisé est plus abondante que celle d'un liquide à l'état neutre.

De la formation définitive des grêlons. — Après avoir admis que les premiers embryons de la grêle sont une conséquence du froid qu'éprouvent les nuages lorsque leurs couches supérieures s'évaporent rapidement sous l'action des rayons brûlans de la canicule, il reste à trouver leur mode de grossissement.

Volta a cru nécessaire de supposer que la grêle

déjà formée reste suspendue dans l'espace, non pas seulement cinq, dix, quinze minutes, mais peut-être même des heures entières : c'est en cela que consiste la partie la plus nouvelle et la plus ingénieuse de sa théorie. Il reconnaît au reste, lui-même, qu'elle lui a été suggérée par une expérience citée dans les vieux traités de physique, sous le nom de *danse des pantins*, et dont voici la description :

Deux disques métalliques sont placés horizontalement l'un au-dessus de l'autre ; le disque supérieur est suspendu par un crochet au conducteur d'une machine électrique, le disque inférieur est en communication avec le sol, soit immédiatement, soit à l'aide d'une chaîne : ce dernier disque porte un certain nombre de balles de moëlle de sureau. Aussitôt que, pour commencer l'expérience, on fait tourner le plateau de la machine, on voit toutes les balles s'élancer du disque inférieur jusqu'au disque supérieur, redescendre ensuite rapidement, pour remonter bientôt après. Le mouvement continue tant que le plateau supérieur demeure sensiblement électrisé.

Aussitôt que le conducteur de la machine est chargé, son électricité se communique au disque supérieur par l'intermédiaire du crochet. Tout corps électrisé attire, comme on sait, les corps qui ne le sont pas, les balles légères de sureau se trouvent dans ce dernier cas ; elles doivent donc être *soulevées* par l'attraction du disque supérieur quand son électricité est suffisamment forte, et aller le toucher. Dès que le contact a lieu, le disque communique aux balles une partie de son électricité ; mais, puisque deux corps électrisés de la même manière se repoussent, les balles ne peuvent rester attachées au disque supérieur qu'un instant; la répulsion de ce disque et leurs propres poids doivent bientôt les faire descendre. Parvenues au disque inférieur, elles se déchargent de l'électricité qu'elles avaient acquise à l'extrémité de l'oscillation ascendante, se retrouvent dans l'état primitif, et doivent présenter aussitôt les mêmes phénomènes.

Si le disque inférieur, au lieu d'être en communication avec le réservoir commun, se trouvait aussi électrisé, mais en sens contraire du disque supérieur, le mouvement oscillatoire des balles aurait également lieu; il serait même plus rapide d'abord, parce que, dans le mouvement ascendant, la répulsion du disque inférieur sur la balle électrisée qui viendrait de le quitter, s'ajouterait à l'attraction de l'autre, et ensuite parce que celle-ci aurait plus d'intensité.

Qu'on dépose sur un disque métallique isolé, des corps très-légers, tels que des brins de soie ou de coton, des plumes, des feuilles d'or battu, de petites balles de moëlle de sureau, etc.; qu'on communique ensuite au disque une forte électricité, aussitôt tous ces corps se soulèveront dans l'air jusqu'à une certaine distance, et s'y maintiendront long-temps comme suspendus, mais en éprouvant toutefois, un mouvement oscillatoire sensible.

Substituons aux disques ces noirs nuages orageux dont l'immense charge électrique est si bien indiquée par la vivacité des éclairs qui jaillissent incessamment de tous leurs points; il n'y aura alors rien d'étrange, à supposer que des grains de grêle soumis à cette puissante influence, présenteront exactement tous les phénomènes que les balles de sureau nous avaient offerts.

S'il n'y a qu'un seul nuage électrisé, il maintiendra les grêlons à une certaine distance de sa surface; s'il y en a deux, le plus élevé électrisé, le plus bas à l'état neutre, les grêlons éprouveront entre l'un et l'autre un mouvement d'oscillation qui ne cessera qu'au moment où le poids graduellement croissant des grêlons amènera leur chûte. Le même mouvement oscillatoire, plus rapide seulement, se communiquera aussi aux grêlons dès qu'ils se trouveront compris entre deux nuages électrisés en sens contraire. Ce dernier mode de suspension des grêlons est, suivant Volta, celui que la nature emploie: c'est en oscillant entre deux nuages chargés d'électricités dissemblables que les embryons de neige sont recouverts d'une première enveloppe de glace diaphane; c'est pendant ce mouvement long-temps continué que les couches se superposent en nombre suffisant pour donner aux grêlons les dimensions énormes qui font souvent le désespoir du cultivateur.

DES PARAGRÊLES.

Les argumens sur lesquels les partisans des paragrêles s'appuient sont tous puisés dans la théorie dont je viens d'exposer les principaux traits d'après Volta; mais ne conviendra-t-il point de remarquer que cette explication, quelque ingénieuse qu'elle puisse paraître, n'a pas reçu l'assentiment général des physiciens; qu'elle a été combattue, même en Italie, par les propres élèves de son illustre auteur, entre autres, par M. Bellani; enfin, que plusieurs des objections qu'on lui oppose paraissent insolubles. Indiquer ici ces objections, ce sera faire un pas vers le but que je me propose d'atteindre dans cet article.

La première congélation des nuages résulte, dit Volta, de l'évaporation qu'éprouve leur surface supérieure sous l'action des rayons solaires. Si cette évaporation avait quelque analogie avec celle que le vent détermine sur la terre, un certain degré de froid en serait la conséquence nécessaire; mais il semble bien difficile d'admettre que la lumière solaire, ou toute autre cause calorifique, puisse hâter l'évaporation d'un liquide quelconque, sans amener son échauffement: échauffer un corps ne saurait jamais être un moyen de le refroidir, de quelque manière qu'on fasse intervenir l'évaporation. L'expérience dont on a essayé d'étayer les idées de Volta, dans plusieurs traités de physique modernes, n'est pas exacte. Il est très-vrai que, si, après avoir entouré de linges mouillés deux thermomètres parfaitement semblables, on les expose à l'air libre, l'un à l'ombre et l'autre au soleil, on apercevra une évaporation beaucoup plus prompte sur ce dernier; mais loin qu'elle soit accompagnée, comme on l'a dit, d'un refroidissement, le mouvement de la colonne mercurielle indiquera au contraire une augmentation sensible de température.

Volta, ayant supposé que la formation des premiers rudimens de la grêle ne pouvait pas avoir lieu sans l'action des rayons solaires, se trouvait amené à admettre qu'un grêlon qui tombait, par exemple, à 3 ou 4 heures du matin, avait oscillé au moins pendant 19 ou 20 heures consécutives entre les deux couches de nuages diversement électrisées. Je pourrais montrer ici à quel point cette conséquence est inadmissible, en faisant remarquer que, dans un si long espace de temps ; les décharges électriques, qui s'opèrent de nuage en nuage auraient dû altérer mille fois l'état d'équilibre nécessaire à la suspension du grêlon ; mais je trouverai, avec M. Bellani, une preuve plus directe de l'insuffisance de la théorie, dans un orage du mois de juillet 1806, *qui commença avant le lever du soleil*, et dans lequel une quantité prodigieuse de grêle tomba. Il suffira de dire, en effet, que la *veille*, M. Bellani n'avait aperçu aucun indice d'orage dans toute l'étendue de l'horizon visible.

La théorie pêche donc par sa base : les noyaux neigeux des grêlons ne résultent pas de l'évaporation des nuages, excitée par les rayons solaires.

Supposons maintenant les embryons de grêle formés d'une manière quelconque, et voyons s'ils grossissent comme Volta l'imagine.

L'expérience de la *danse des pantins*, sur laquelle ce célèbre physicien insiste tant, fournit des argumens plus spécieux que solides. Les plaques métalliques électrisées entre lesquelles oscillent les balles de sureau, ne peuvent ni se déplacer ni se diviser ; les particules qui forment les nuages, au contraire, sont douées, soit en masse, soit individuellement, d'une extrême mobilité : ne faut-il pas alors se demander comment elles seules restent immobiles, comment elles échappent à ces forces électriques qui communiquent un mouvement oscillatoire à une aussi grande quantité de grêlons interposés ? Ces forces ne devraient-elles pas amener plutôt la prompte réunion des deux couches de nuages en une seule masse ?

Il est si vrai que l'expérience des pantins exige qu'une des deux plaques électrisées au moins, soit solide, qu'en substituant seulement une nappe d'eau à la plaque métallique inférieure, comme l'a fait M. Bellani, la danse n'a plus lieu.

Ne faudrait-il pas s'étonner, si le mouvement oscillatoire dont Volta doue les grêlons existait, que personne ne l'eût jamais aperçu? Les voyageurs, en effet, ont dû se trouver maintes fois sur les montagnes à la hauteur de l'intervalle vide où ce mouvement pourrait avoir lieu.

Parmi les conséquences qu'on pourrait déduire de la théorie de Volta, en la supposant fondée, il en est encore une que M. Bellani a signalée et qui me paraît mériter d'être consignée ici, ne fût-ce qu'à raison de sa singularité. Si les nuages orageux possédaient, quand ils sont accouplés, une force attractive suffisante pour faire osciller durant des heures entières des masses de glace du poids de 8 à 10 onces, il devrait arriver fréquemment que l'action électrique s'exerçant entre un seul de ces nuages et la Terre, des poussières, des graviers, des pierres d'un assez gros volume, seraient soulevés, même dans un temps calme, rendraient l'atmosphère à peine respirable, et produiraient dans la campagne des dégâts bien plus redoutables encore que ceux dont la grêle est cause.

Je me trompe fort si toutes ces remarques ne *démontrent* pas qu'une explication satisfaisante du phénomène de la grêle est encore à trouver. Sur quoi se sont fondés, cependant, ceux qui ont tant préconisé l'emploi des paragrêles? Sur cette même théorie dont je viens de montrer l'insuffisance. Au reste, en suivant le système de Volta jusque dans ses dernières conséquences, ne trouverait-on pas que les paragrêles sont plutôt nuisibles qu'utiles?

Lorsqu'un orage déjà formé dans les montagnes est entrainé par des vents vers la plaine, n'est-ce pas au-dessus des paragrêles (si ces appareils ont quelque action), que pourront s'opérer des modifications notables dans l'intensité des forces électriques qui, imprimant aux grêlons des mouvemens d'oscillation verticaux, les avaient soutenus jusque là dans l'atmosphère? N'est-ce donc pas sur ces appareils que la grêle devra tomber plus particulièrement? (ARAGO.)

DE LA GLACE.

La glace, ainsi que nous l'avons dit, commence à se former lorsque la température est au-dessous de zéro; les eaux stagnantes exposées à un ciel serein sont les premières qui passent à l'état de glace. Les rivières ne se gèlent que plus tard. Dans le premier cas, le rayonnement se joint au refroidissement; dans le deuxième, le volume des eaux charriées, la rapidité du cours qui les emporte, quelquefois le voisinage de la source, s'opposent à ce que le refroidissement ait lieu aussi vîte; car les sources marquent presque toutes, la température moyenne de l'année.

Les rivières rapides ou fortes ne se prennent jamais en grandes nappes de glace. Autour des débris solides qui flottent sur l'eau se forment des glaçons qui augmentent peu à peu de volume en continuant de s'avancer, et qui, bientôt arrêtés par les ponts, les moulins, les anfractuosités des rives, ou même par leur grand nombre, s'amoncèlent en une croûte irrégulière. L'irrégularité n'existe pas seulement à la superficie : il en est de même en dessous. A côté de tels ou tels glaçons d'une extrême épaisseur se trouvent des parages où la glace est à peine formée.

Aussi le passage d'un fleuve gelé est-il très-dangereux, et demande-t-il la plus grande circonspection. Sur les petites rivières, la glace demeure assez souvent suspendue, l'eau diminuant par évaporation après la gelée.

DU VERGLAS ET DU DÉGEL.

Lorsque la température est au-dessous de zéro et que l'atmosphère est très-humide, cette humidité se réduit en une pluie fine et se congèle en arrivant sur la Terre.

Le dégel est le retour de l'eau glacée à l'état liquide. Quelquefois la glace s'évapore directement; ce n'est pas un dégel proprement dit. Le retour de l'eau glacée à l'état liquide est tantôt lent, tantôt brusque; dans ce dernier cas, la débâcle (rupture et charriement des glaçons qui formaient la croûte solide du fleuve), offre des dangers. C'est l'époque des innondations.

CHAPITRE IV.

DES MÉTÉORES IGNÉS.

Des fluides électrique et magnétique. — Observations curieuses. — Du tonnerre. — Expérience curieuse. — Des feux follets. — Du feu Saint-Elne. — De l'arc-en-ciel. — De l'aurore boréale. — Des halots. — Des aérolithes ou météolithes, et des étoiles qui filent. — Des marées. — De quelques phénomènes atmosphériques extraordinaires.

DES FLUIDES ÉLECTRIQUE ET MAGNÉTIQUE.

Tous les phénomènes des orages, des éclairs et de la foudre, sont accasionnés par l'électricité, fluide dont le globe terrestre contient une source abondante, et qui pénètre et anime tous les corps, qui le contiennent à divers degrés. Les physiciens ont reconnu deux espèces d'électricité (résineuse et vitrée), ou deux phénomènes différens du même fluide, dont la principale propriété est de se repousser entre elles et d'attirer l'électricité opposée. Ils ont aussi reconnu, dans les différens corps, la propriété aux uns de se charger et de transmettre promptement l'électricité, et aux autres celle de s'en charger et de la transmettre difficilement. Ils ont appelé les premiers *bons conducteurs*, et les derniers *mauvais conducteurs*. L'électricité tend toujours à se mettre en équilibre, et c'est de cette tendance que résultent un grand nombre de météores atmosphériques, dont les plus importans sont les orages et la foudre.

Le fluide magnétique est ce qui donne à l'aimant la propriété d'attirer certains corps. L'action du fluide magnétique ne s'exerce pas seulement sur les métaux, mais encore sur un grand nombre d'autres corps.

On a cru pendant long-temps à l'existence d'un autre fluide que l'on nommait fluide galvanique; mais on a reconnu que ce prétendu fluide n'était que de l'électricité développée par contact.

OBSERVATIONS CURIEUSES.

Lorsque l'on soumet à la pile galvanique des animaux vivans, ils éprouvent d'abord une agitation violente que la mort ne tarde pas à faire cesser. Les animaux récemment tués sont aussi très-fortement agités lorsque l'on dirige le fluide galvanique sur leurs nerfs. Voici des expériences sur ce sujet, rapportées par le docteur Demerson.

« J'ai vu soumettre à la pile galvanique un chien récemment assommé; cet animal ouvrait la gueule et tirait la langue. Une tête de bœuf envoyée, encore saignante, de la boucherie dans notre laboratoire, et soumise au courant d'une très-forte pile verticale, ouvrit les paupières et dressa les oreilles. En 1809, le cadavre d'un supplicié, homme très-vigoureux, fut apporté dans un amphithéâtre dépendant de l'école de médecine; on rapprocha la tête du tronc, et l'on soumit le cadavre entier à l'action de la pile : tous les muscles se contractèrent, les yeux s'ouvrirent, et parurent rouler dans leurs orbites; les jambes et les bras s'agitèrent violemment, et la poitrine sembla faire effort pour respirer. Témoin de cette expérience, j'en aurai toujours l'horrible tableau devant les yeux.

DU TONNERRE.

Toutes les fois que l'eau n'est pas parfaitement pure, lors de l'évaporation, il se développe de l'électricité. La combinaison des gaz, et notamment celle de l'oxigène de l'air avec le carbone des plantes, en produit pareillement. Ainsi, ces deux sources, versant presque continuellement le fluide électrique dans l'atmosphère, il faut que l'atmosphère le restitue à la terre. C'est ce qui arrive par le tonnerre et les éclairs.

Les nuages, une fois électrisés, plus ou moins isolés par l'interposition de l'air, manifestent des effets d'attraction et de répulsion, et se déchargent par des explosions, tantôt sur les nuages voisins, tantôt, mais plus rarement, sur la terre même avec laquelle ils se mettent en communication. L'étincelle, la flamme qui accompagne l'explosion, c'est l'éclair; l'explosion même, c'est le tonnerre. Le temps qui s'écoule entre ces deux phénomènes l'éclair et le bruit, est un des élémens qui a servi à déterminer la rapidité du son : elle est de 337 mètres par seconde.

EXPÉRIENCE CURIEUSE.

En 1752, le célèbre Franklin construisit un cerf-volant ordinaire, et il le lança dans un nuage qui paraissait porteur de la foudre ; d'abord il n'obtint aucun résultat ; mais une petite pluie qui survint, ayant humecté la corde de l'appareil, il eut la satisfaction d'en tirer plusieurs étincelles. Cet homme justement célèbre ignorait le danger qu'il courait dans cette circonstance, car si la corde de son cerf-volant avait été de manière conductrice, telles que le fer, le cuivre, ou même si elle avait été suffisamment imbibée d'eau, il est à croire que la foudre s'écoulant avec rapidité par ce conduit, se serait jetée sur lui et lui aurait ôté la vie.

Pour répéter cette expérience sans danger et afin que le résultat soit plus certain, on forme la corde de tissus métalliques ; mais on la termine par un cordon de soie de quelques toises de long, et l'on se garde bien de tirer des étincelles avec le doigt. On se sert pour cela d'un instrument appelé excitateur, qui communique au moyen d'une chaîne avec le sol ; on tient cet instrument par un manche de verre, de résine ou de toute autre matière qui livre difficilement passage au fluide électrique. Le cordon de soie a la même propriété. Romas, ayant eu connaissance de l'expérience de Franklin, la répéta en France, l'année suivante : la corde de son cerf-volant portait un fil métallique ; l'ayant lancé dans un nuage orageux, il fit jaillir de la corde, pendant des heures entières, des jets de feu de plus de dix pieds de long, dont le bruit égalait ou surpassait même celui que produit un coup de pistolet ;

mais nous le répétons, quand on veut faire des expériences de ce genre, on ne saurait prendre trop de précautions. M. Richmann, fut tué à Saint-Pétersbourg, par une étincelle électrique lancée par une barre de fer dressée dans son laboratoire de physique, et qui attirait l'électricité des nuages.

DES FEUX FOLLETS.

Les feux follets consistent en une flamme légère qui semble sortir de terre et qui brûle en s'agitant et en suivant différentes directions. Ils se manifestent principalement dans les cimetières, puis sur les bords des rivières et des étangs et dans les lieux marécageux. Ils résultent du gaz hydrogène phosphoré que laisse échapper en abondance la décomposition des matières animales, et qui a la propriété de s'enflammer au contact de l'air atmosphérique.

DU FEU SAINT-ELNE.

On appelle feu Saint-Elne (et par corruption Saint-Elme) ou Saint-Nicolas, des lueurs qu'on voit en mer voltiger autour des mâts, des cordages, et généralement des parties saillantes des navires. Tantôt elles affectent l'apparence d'aigrettes lumineuses, tantôt on dirait un corps léger qui brûle sur le tillac. Ce phénomène est bien certainement causé par le fluide électrique.

DE L'ARC-EN-CIEL.

Les rayons du soleil, en traversant un corps plus dense que l'atmosphère, diaphane ou transparent comme elle, se séparent ou se décomposent en sept autres rayons de couleurs différentes, que l'on nomme *couleurs primitives*. Ces couleurs sont :

le *rouge*, *l'oranger*, le *jaune*, le *vert*, le *bleu*, *l'indigo*, et le *violet*. Les gouttelettes de vapeur ou de pluie décomposent aussi les rayons de la lumière : c'est ce qui forme l'arc-en-ciel, phénomène que l'on observe très-fréquemment sur l'eau vaporeuse des cascades ou des jets d'eau.

L'arc-en-ciel atmosphérique est toujours opposé au soleil. Ce phénomène ne peut avoir lieu que quand cet astre est au-dessous de 45°.

DE L'AURORE BORÉALE.

C'est une espèce de nue blanche et lumineuse qui paraît vers le Nord, et reste quelques heures immobile et stationnaire. Quelquefois cette lueur est rougeâtre ou rouge de feu, et dans ce cas, le ciel présente l'apparence d'un vaste incendie qui aurait lieu à quelque distance.

Dans le Nord, où les aurores boréales sont assez fréquentes, on croit qu'elles sont accompagnées d'un bruissement rapide. L'aurore boréale est encore un des phénomènes produits par l'électricité.

DES HALOS.

Les halos sont des cercles lumineux qui environnent, soit le soleil, soit la lune. On les distingue en halos de petite et de grande espèces.

Le halo de petite espèce consiste en deux ou plusieurs anneaux de diamètres variables contigus entre eux et le corps lumineux. Chaque anneau offre les couleurs de l'arc-en-ciel, mais moins nettement dessinées et moins brillantes : le rouge est à l'extérieur.

Le halo de grande espèce se borne toujours à deux anneaux qui ont pour centre commun le centre même du corps lumineux auquel ils servent de couronne. Ils sont blancs ou colorés de telle manière que le rouge se trouve à l'intérieur. Le deuxième anneau offre des couleurs plus faibles que le premier.

On attribue les petits halos aux inflexions que les rayons lumineux éprouvent autour des bulles aqueuses dont l'air est parsemé. Les diamètres des anneaux dépendent de la grosseur des bulles.

On veut que les grands halos soient dus à la réfraction que les rayons éprouvent de la part des facettes d'aiguilles de glace cristallisées qui existent en abondance dans l'air. Il serait impossible ici d'entrer dans plus de détail sur cette explication difficile.

DES AÉROLITHES,

OU MÉTÉOLITHES, ET DES ÉTOILES QUI FILENT.

Les aérolithes sont des pierres qui tombent sur la terre après avoir traversé l'atmosphère; on les croit lancées par les volcans de la lune, et ce qui semble donner quelque poids à cette conjecture, c'est qu'on en a souvent ramassé au moment de leur chûte qui étaient encore brûlantes.

Les étoiles filantes ou étoiles tombantes, espèces de points lumineux qu'on voit descendre rapidement dans l'atmosphère, ne sont que des météolithes. Leur chûte, en général, est opposée au mouvement de la terre, d'où il suit que leur vitesse provient en partie du mouvement de translation de notre globe.

DES MARÉES.

On sait que tous les corps célestes exercent une attraction les uns sur les autres, et tendent à s'attirer. La lune, par son attraction lorsqu'elle passe au-dessus de notre hémisphère, tend à soulever les mers qui sont mobiles, et ce soulèvement produit une marée partielle : le soleil, de son côté, en produit aussi de la même manière, et lorsque ces deux astres sont en même temps au-dessus de notre hémisphère, ces deux actions s'ajoutent, et on dit que la marée est à son *maximum*, c'est-à-dire à sa plus grande hauteur.

Si les marées n'étaient dues qu'à l'influence de l'un ou de l'autre de ces deux astres, elles reviendraient *maximum* à des époques fixes ; chaque jour *lunaire*, si elles étaient dues à l'influence seule de la lune, et chaque jour *solaire*, si elles étaient dues à l'influence seule du soleil ; mais comme elles sont dues à la combinaison de ces deux influences, elles ne seront *maximum* que lorsque les mouvemens de ces deux astres les amèneront en même temps au-dessus de nous ; ce qui n'a pas lieu à des époques fixes. Ces deux actions peuvent agir ensemble ou se contrarier ; de là, différentes hauteurs de marées.

DE QUELQUES PHÉNOMÈNES

ATMOSPHÉRIQUES EXTRAORDINAIRES.

On a nommé pluies de feu, des phénomènes dus à la rupture spontanée des aérolithes, qui souvent éclatent avant d'arriver à la terre, et qui dispersent leur substance dans l'air en particules enflammées.

Sous le nom de pluie de sang on a désigné une

pluie que colore en rouge la liqueur abandonnée par certains papillons sortant de leurs crysalides.

Les pluies de soufre résultent de la dispersion du pollen des arbres, et notamment de conifères (pins, sapins, etc). Transportée souvent par les vents à une distance considérable des forêts natives, cette poussière fécondante communique aux bulles d'eau en suspension dans l'atmosphère une couleur jaunâtre qui a donné lieu à croire aux pluies de soufre.

Les pluies de graines, de blé, de sable, de paille, etc., proviennent toutes de faits analogues. Ce sont des trombes qui ont enlevé ces divers objets, et qui les ont portés plus ou moins loin. On donne le nom de pluies de coton à ces fils si abondans au printemps et en automne, qui couvrent les champs, voltigent dans l'air, et sont connus sous le nom de fils de la Vierge.

Quant aux pluies de crapauds, de lézards et autres animaux, c'est tout simplement qu'après un orage chaud ces animaux sortent en grand nombre de leurs retraites, et que le sol est tellement jonché de ces promeneurs inattendus qu'on les croirait tombés du ciel.

La neige rouge, dont l'existence avait long-temps semblé douteuse, a été recueillie dans les Alpes, dans les Pyrénées, sur les côtes de la baie de Baffin, et à des latitudes plus élevées encore, dans la Nouvelle-Zélande du sud. Toutes ces neiges, soumises à l'analyse, ont offert absolument les mêmes résultats : elles se composent de petits globules sphériques, dont les diamètres sont de 1 à 2 centièmes de millimètre, et qui, à l'intérieur, se trouvent divisés chacun en sept ou huit petites cellules; ils logent dans des alvéoles à peine accessibles à l'œil armé du meilleur microscope, une huile rouge, insoluble dans l'eau. Cette huile rouge est due à la présence d'un champignon presque imperceptible nommé *uredo nivalis*, ou *lepreda kermesina*. C'est donc sur la neige seulement que cette plante naine trouve à vivre.

CHAPITRE V.

DES INSTRUMENS MÉTÉOROLOGIQUES.

PRONOSTICS.

Du baromètre. — De l'hygromètre. — De l'anémomètre. — Du paratonnerre. — Des Pronostics. Pronostics généraux. — Pronostics des vents. — Pronostics des pluies. — Pronostics de froid. — Pronostics du tonnerre.

DU BAROMÈTRE.

Le baromètre est un instrument composé d'un tube creux, fermé à son extrémité supérieure, rempli presque dans toute son étendue, de mercure, et dont la partie inférieure plonge dans une cuvette, ou réservoir, remplie du même métal.

La pression de l'atmosphère soutient le mercure dans le tube à la hauteur de 28 pouces (758 millimètres), et l'eau à 32 pieds.

La longueur de la colonne du mercure varie à

proportion des changemens qui arrivent dans le poids de l'atmosphère : si ce poids augmente, la colonne s'élève, elle descend s'il diminue.

Il y a deux causes principales des variations du baromètre : la diminution de la pesanteur de l'air et des couches atmosphériques en s'élevant, et la présence des vapeurs.

DE L'HYGROMÈTRE.

Cet instrument sert à mesurer l'humidité de l'atmosphère ; on le construit avec des cordes de chanvre, des cordes à boyaux, de la baleine, du papier, des cheveux, etc. L'hygromètre de Saussure, construit en cheveux, est le plus ingénieux et le plus exact : son échelle marque 100°. Le summun d'humidité à Paris répond à 70 ; le minimum, ou la plus grande sécheresse, à 30. On trouve la description de cet hygromètre dans tous les traités de physique.

DE L'ANÉMOMÈTRE.

L'anémomètre sert à mesurer le vent. C'est une boîte longue, fermée et contenant un ressort à boudin. Dans cette boîte pénètre une tige qui termine une planchette d'un pied carré. Enfin une crémaillère arrête la tige au moyen d'une petite bride à ressort faible, afin qu'on ait le temps d'observer. Si l'on expose perpendiculairement la planche à la direction du vent, la quantité dont il fera entrer la tige dans sa boîte indiquera sa force. On gradue l'instrument en plaçant successivement sur la planche les poids auxquels on veut comparer la force du vent.

Il existe un grand nombre d'autres instrumens météorologiques ; mais leur usage n'étant pas général et leur utilité étant contestée, nous nous contenterons d'ajouter aux quatre principaux que nous venons de décrire, (1) les paratonnerres, et de renvoyer par les paragrêles à la savante dissertation de M. Arago, que nous avons insérée au chapitre III de la Météorologie.

DU PARATONNERRE.

Dès qu'on sut qu'on pouvait décharger un nuage chargé de la foudre, en établissant entre lui et le sol une communication de matières propres à conduire facilement le fluide électrique, on eut trouvé le moyen de mettre les édifices à l'abri de la foudre.

Un paratonnerre se compose aujourd'hui de deux parties principales métalliques, une aiguille et un conducteur.

L'aiguille qu'on fixe solidement sur le faîte des édifices, est faite de trois pièces qui sont : une barre de fer de 25 pieds, une baguette de cuivre de 22 pouces ; une pointe de platine de 2 pouces.

L'aiguille ou pointe de platine est soudée à la baguette de laiton avec de la soudure d'argent ; la baguette de laiton est jointe à la barre de fer par une cheville de cuivre qui entre dans l'une et l'autre pièce, et y est retenu par une goupille (petite cheville de métal).

---

(1) Voyez, chapitre II de la Météorologie, la description du thermomètre.

On fait la pointe des paratonnerres en platine, parce que ce métal a la propriété de ne pas s'oxider (rouiller), et qu'il importe beaucoup que l'aiguille du paratonnerre soit toujours bien pointue.

On fait les conducteurs des paratonnerres en barreaux de fer ajustés les uns à la suite des autres ; le conducteur est fixé par un bout au pied de l'aiguille, il descend jusqu'au sol sans discontinuité ; quand il se trouve dans les environs et à peu de distance un puits, on fait descendre l'extrémité du conducteur en plusieurs branches qu'on écarte comme les racines d'un arbre. Si l'on n'a pas de puits à sa disposition, il faut au moins faire en sorte que l'extrémité du conducteur soit enveloppée de matières humides ; on pourrait suppléer au puits par une petite citerne ; dans tous les cas on fera bien de construire des tranchées que l'on remplira de braise à travers laquelle le conducteur passera avant d'arriver au puits ou à la citerne ; comme la braise est par elle-même un bon conducteur du fluide électrique, on ajoute des ramifications à la tranchée, afin de multiplier les points de contact.

Quand un nuage électrisé arrive au-dessus d'un édifice armé d'un paratonnerre, voici ce qui se passe : l'électricité du nuage que nous supposons vitrée attire à elle l'électricité résineuse du paratonnerre ; mais comme celui-ci communique avec le sol, il attire sans cesse l'électricité résineuse de la Terre ; de sorte qu'il s'établit un courant d'électricité résineuse qui, arrivant jusqu'au nuage, se combine avec l'électricité vitrée dont celui-ci est chargé et la neutralise en partie ; car il n'y a explosion électrique qu'autant qu'un corps est chargé d'une seule espèce d'électricité.

DES PRONOSTICS.

Rien de plus difficile, rien de plus compliqué que cette prétendue science des prédictions. Que l'on réunisse tous les élémens de ce grand problême de météorologie, pour tâcher d'en dégager l'inconnu, objet de tant de ridicules rêveries, on ne trouvera que des séries infinies, sans résultat probable, et qu'aucun nombre ne peut exprimer! Pour mettre en défaut ces graves calculs, pour déranger ces profondes combinaisons, il ne faut qu'un coup de vent, qu'un nuage. Que les hommes sensés se bornent donc aux pronostics certains, et qui touchent pour ainsi dire à l'événement.

PRONOSTICS GÉNÉRAUX.

Printemps chaud, fruits verreux; printemps froid, récoltes tardives. Après un printemps sec, il faut un été humide, et réciproquement. Hiver humide, printemps sec; hiver sec, printemps humide; été humide, automne serein; automne serein, printemps humide.

L'apparition des grues et autres oiseaux de passage, de bonne heure, dans l'automne, indique un hiver rigoureux; car c'est une preuve qu'il est déjà commencé dans le Nord.

PRONOSTICS DES VENTS.

Les vents opposés au cours du Soleil présagent le mauvais temps.

Si les nuages s'avancent dans une direction différente que celle du vent qui souffle, on peut s'attendre que le vent prendra la direction des nuages.

Les vents par secousses ou rafales ne durent pas; les vents constans ou permanens soufflent uniformément.

Les bises durables commencent le soir par un temps couvert. Si le baromètre reste bas, la bise sera accompagnée ou suivie de pluie; s'il baisse lorsqu'elle redouble, c'est un signe qu'elle persistera.

Les bises faibles, qui ne soufflent que pendant les matinées, annoncent le vent du sud ou la pluie.

Les vents du sud et du sud-est annoncent de la pluie, quand ils cessent de souffler.

Le vent du sud qui passe au nord-est est quelquefois constant pendant des mois entiers.

Les vents de l'équinoxe (22 mars et 22 septembre) soufflent assez constamment de l'ouest; ils sont impétueux et bouleversent l'atmosphère. Ces vents, particulièrement ceux du printemps, influent sur la température de toute la saison suivante. Les mêmes vents règnent ordinairement pendant six mois. S'ils sont variables à cette époque, ils le deviennent également pendant cet espace de temps; et si ces vents dominans sont interrompus dans leur marche par des vents contraires, ce n'est ordinairement que pendant 24 à 48 heures.

PRONOSTICS DES PLUIES.

Si les objets éloignés paraissent plus grands et plus nets qu'on ne les voit ordinairement, s'ils paraissent cachés dans un air vaporeux, signe de pluie.

Si le son des cloches et des instrumens de musique, les cris de l'homme, l'aboiement des chiens, sont plus clairs, signe de pluie.

Gelée blanche le matin, pluie le soir.

L'abaissement de la température, la diminution de pesanteur et de densité de l'air atmosphérique, les mouvemens imprimés à ses couches par les vents et les courans, les nouvelles combinaisons des gaz, les variations de la chaleur et de l'électricité, sont autant de causes et de signes de pluies prochaines.

Si les étoiles paraissent plus grandes qu'à l'ordinaire, et plus près les unes des autres, si elles paraissent plus scintillantes, c'est un signe de changement de temps; si elles perdent de leur clarté et de leur scintillation, signe d'orage.

Les nuages qui augmentent d'épaisseur et d'étendue, signe de pluie; s'ils diminuent dans le même sens, signe de beau temps.

Air chaud le soir, et en même temps nuages qui s'accumulent en masses grises et noirâtres, signe de grande pluie, *averse*.

Le ciel *pommelé* ou panaché ne donne que des pluies légères et de peu de durée.

Nuages formés tout à coup au milieu d'un ciel pur et par un temps chaud, signe d'orage.

PRONOSTICS DE FROID.

Les vents du nord et de l'est, l'abaissement du thermomètre, annoncent toujours le froid après le 15 octobre : ces circonstances atmosphériques sont accompagnées de gelées plus ou moins fortes.

Neige fine et sèche (grésil), signe de continuation du froid.

Neige en cristaux réguliers, signe de grand froid.

Neige floconneuse, légère, à cristaux irrégulièrement groupés, signe de diminution du froid. Elle tombe presque toujours sous cette forme à Paris, et dans les basses régions de l'atmosphère.

Quand, après plusieurs jours de gelée, le froid devient extrême, c'est l'annonce d'un prompt dégel, qui commence ordinairement par un brouillard épais.

Quelquefois le dégel est encore annoncé par la netteté et le scintillement des étoiles, et par un givre abondant.

Les vrais dégels sont ordinairement accompagnés de pluie ou de grand vent.

Le gel et le dégel se manifestent dans l'atmosphère de haut en bas.

PRONOSTICS DE TONNERRE.

Un temps étouffant; le sol qui se fend; l'été, après deux ou trois jours de vent du sud, de grands amas blancs de nuages qui forment comme des montagnes, avec des nuages noirs au-dessus : alors pluie et tonnerre. C'est le vent du sud qui amène le plus d'orages, et le vent d'est qui en amène le moins. Bien entendu que nous parlons relativement à la France; car dans d'autres contrées, ce sont des vents différens qui amènent la pluie et les orages. En général ce sont ceux qui se sont saturés d'humidité en rasant la surface des mers ou des grandes nappes d'eau.

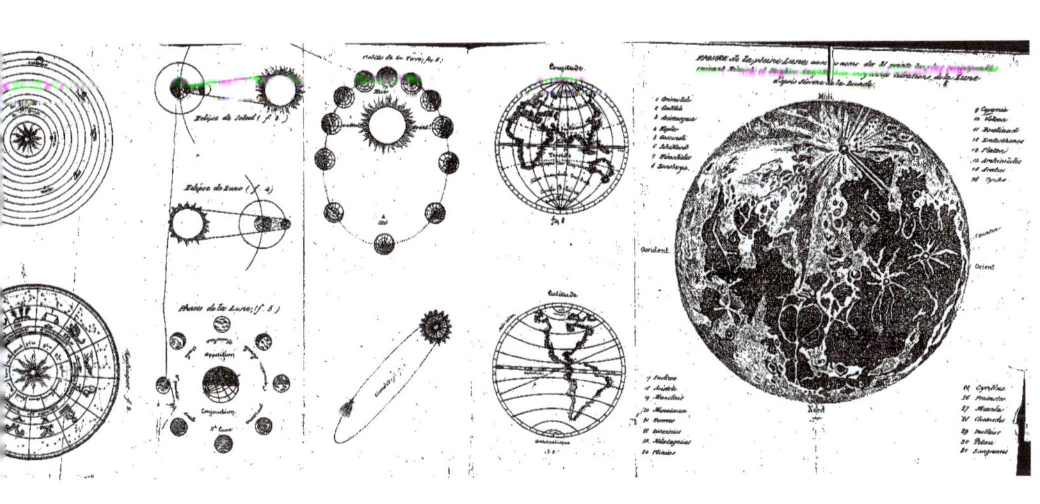

VOCABULAIRE
ASTRONOMIQUE
ET MÉTÉOROLOGIQUE.

A

Aberration, mouvement apparent de tous les corps célestes, produit par le mouvement progressif, mais en sens contraire de la lumière, concurremment avec le mouvement annuel de la terre.

Accélération diurne des étoiles fixes, temps que les étoiles anticipent, dans leur révolution diurne, sur la révolution diurne moyenne apparente du soleil, qui est de 3′ 55″ 9. Voir au mot *signe*. On dit qu'une planète est accélérée, lorsque son mouvement diurne réel excède son mouvement diurne moyen.

Ce terme est aussi employé pour exprimer l'augmentation du mouvement moyen de la lune dans son écart du soleil.

Acronique, se dit d'une étoile ou d'une planète, lorsqu'elle est au côté opposé du ciel par rapport au soleil.

Aérolithe, nom que l'on donne aux pierres qui tombent sur la terre, et que l'on croit lancées par les volcans de la lune.

Aire, se dit de l'espace parcouru par le rayon vecteur, en un temps donné.

Alisé. Le vent alisé est un courant atmosphérique

constant, qui a lieu vers l'équateur, et dont la tendance générale est vers l'ouest. C'est donc de l'est qu'il souffle; mais, pour être plus exact, il faut reconnaître qu'il se forme de deux courans d'air perpétuels, qui viennent, l'un du nord-est, l'autre du sud-est; ces deux courans se combinent et soufflent alors comme s'ils venaient directement de l'est.

Almicantaras, nom arabe qui indique de petits cercles de hauteur, parallèles à l'horizon.

Amplitude, arc de l'horizon compris entre les vrais points de l'orient ou de l'occident, et le centre du soleil ou d'une étoile, à son lever ou à son coucher.

Anémomètre, instrument destiné à mesurer la force du vent.

Angle, inclinaison de deux lignes ou de deux plans qui se rencontrent en un point ou en une ligne; leur mesure est donnée par l'arc du grand cercle compris et décrit du sommet, comme centre de circonférence; cette mesure est toujours moindre que 180°, car, dans ce dernier cas, les deux lignes se joindraient en une seule, pour former un diamètre.

Ce mot appartient à la trigonométrie. On appelle *Angle de commutation* celui qui est formé au soleil par deux lignes, dont l'une est menée de la terre, et l'autre du lieu de l'écliptique où la planète a été réduite; elles se rencontrent toutes les deux au centre du soleil. L'*Angle d'élongation*, angle formé par deux lignes tirées de la terre, l'une vers le centre du soleil, et l'autre vers une planète; c'est donc la différence entre le lieu du soleil et le lieu géocentrique de la planète. L'*Angle d'évection*, inégalité dans le mouvement de la lune, par laquelle ce satellite est, près de ses quadratures, attiré hors de la ligne menée du centre de la terre à celui du soleil, comme lorsqu'elle est dans les syzygies; la plus grande valeur de cet angle est de 1° 20'. C'est à Ptolémée que nous en devons la première remarque; de toutes ses observations, c'est celle qui lui a valu la plus grande considération parmi les astronomes, vu l'époque où il l'a faite, et les instrumens dont il s'est servi pour mesurer un aussi petit angle.

Annuel, ce qui revient ou se renouvelle au bout de l'année.

— (argument), arc de l'écliptique compris entre le lieu du soleil et celui de la lune apogée.

— (épacte), excès de l'année solaire sur l'année lunaire; sa valeur est de $10^{j}\ 20^{h}\ 11'$, ou près de 11 jours, ce qui montre que le changement de la lune avance de cette quantité, sur l'époque de son changement de l'année précédente, quel que soit le mois où cela a lieu.

Anomalistique (année), temps qui s'écoule depuis le départ du soleil de son apogée, jusqu'à son retour apparent au même lieu.

Anomalie, distance d'une planète exprimée en degrés, minutes et secondes, du lieu de son aphélie ou apogée, c'est-à-dire l'angle que forme avec la ligne de l'apogée, une autre ligne à l'extrémité de laquelle la planète se trouve réellement.

Anses, parties proéminentes de l'anneau de Saturne,

que l'on voit des deux côtés du corps de cette planète.

Antarctique (cercle), petit cercle parallèle à l'équateur et distant du pôle sud de 23° 28′ environ. Cette distance n'est pas toujours la même : comme elle est marquée par l'inclinaison des pôles de l'écliptique sur les pôles du monde, elle sera nécessairement nulle, lorsque ces deux grands cercles de la sphère coïncideront, car alors leurs pôles ne formeront qu'un même point ; la diminution de cette distance est donc de la même quantité que celle de l'équateur sur l'écliptique.

— (pôle), le pôle sud ou l'extrémité méridionale de l'axe de la terre.

Antécédent, terme dont on se sert pour exprimer qu'une planète se meut d'une manière rétrograde, ou contraire à l'ordre des signes, c'est-à-dire de l'est à l'ouest.

Antipodes, peuples qui habitent deux lieux diamétralement opposés.

Aphélie, point de l'orbite de la Terre ou d'une planète, qui est à la plus grande distance du Soleil.

Apogée, point de l'orbite de la Lune, où ce satellite se trouve à la plus grande distance angulaire de la Terre.

Apparent. On se sert de ce terme, toutes les fois qu'un objet est visible à l'œil ou évident à l'esprit.

— (conjonction des planètes). Elle a lieu lorsque ces dernières ont la même longitude géocentrique. La conjonction apparente de la

Lune avec tout autre corps céleste, est leur conjonction vue de la surface de la Terre.

Apparent (diamètres des corps célestes), est leur diamètre angulaire, vu de la Terre et mesuré au moyen d'un instrument nommé *micromètre*, que l'on adapte aux lunettes.

— (distance). Lorsqu'on se sert de cette expression en parlant de deux corps célestes, on indique leur distance angulaire vue de la terre.

— (horizon), cercle qui sert de borne à notre vue, et dont le plan est parallèle à l'horizon vrai, passant par le centre de la terre.

Appulse, approche angulaire de deux corps célestes l'un de l'autre, de manière à être vus, par exemple, dans le champ d'une même lunette.

Apsides, deux points des orbites des planètes ou des satellites, qui sont à la plus grande et à la plus petite distance du centre de leurs mouvemens; la ligne qui joint ces deux points, et qui passe par conséquent par ce centre, se nomme la ligne des apsides.

Aqueux, se dit des météores dont l'eau est le principe.

Arc, portion de cercle, dont les divisions sont toujours correspondantes à celles de cette courbe; par exemple, la latitude et la déclinaison sont des arcs du méridien et du vertical, et la longitude est l'arc de l'équateur compris entre les deux cercles de déclinaison.

— *de direction*, est celui qu'une planète paraît décrire, lorsque son mouvement est direct ou progressif.

Arc de rétrogradation, celui que la planète décrit dans son mouvement contraire à l'ordre des signes, ou de l'est à l'ouest.

Arc-en-ciel, l'un des phénomènes atmosphériques.

Arctique (cercle), petit cercle de la sphère qui environne le pôle nord ou arctique, dont il est éloigné de 23° 28′; il passe par le pôle de l'écliptique : ce cercle et celui qui lui est opposé, se nomment encore *cercles polaires*.

Argument, arc donné, par lequel on trouve un autre arc qui lui est proportionnel.

— *de latitude*, arc de l'orbite d'une planète, compris entre le nœud ascendant et le lieu de la planète vue du Soleil, suivant l'ordre des signes.

Armillaire, nom donné à une sphère artificielle, qui représente les différens cercles des systèmes du monde. Voir la pratique de cet instrument, aux problèmes astronomiques de l'*Appendice*.

Ascendant, étoile, degré, ou lieu quelconque du ciel qui s'élève au-dessus de l'horizon.

— (latitude), latitude de la Lune ou d'une planète, lorsqu'elle passe vers le nord.

— (nœud), point de l'orbite d'une planète où elle fait intersection avec l'écliptique.

Ascension. Voyez *oblique* et *droite*.

Ascensionnelle (différence), c'est celle qui existe entre l'ascension droite et l'ascension oblique, ou la descension : ou bien encore, l'intervalle de temps qui s'écoule entre le lever et le coucher du Soleil, avant ou après six heures.

Astrolabe, projection sténographique de la sphère sur le plan d'un de ses grands cercles. L'astrolabe marine est un instrument avec lequel on mesure la hauteur du Soleil et des autres étoiles. Il est hors d'usage et a été remplacé par les sextans, les octans et le cercle de l'illustre Borda.

Astronomie, vient du mot grec *astron*, étoile, et *nomos*, loi; c'est la science par laquelle on enseigne les mouvemens, les grandeurs, les distances, etc., des corps célestes.

Atmomètre, instrument destiné à mesurer la quantité d'évaporation.

Atmosphère, nom de ce fluide élastique invisible qui environne notre globe de toutes parts, et qui cause les réfractions de la lumière; elle est composée de nuages qui interceptent la plus grande partie des rayons solaires, dans les contrées septentrionales de notre globe. Elle a près de 16 lieues d'élévation.

Attraction. Suivant la philosophie newtonienne, c'est ce principe inné da la matière, par lequel les corps sont supposés tendre naturellement les uns vers les autres.

Aurore boréale, sorte de météore, de couleurs plus ou moins vives, que l'on voit souvent dans les parties boréales du ciel; on pense avec assez de vraisemblance, que ce phénomène est dû à l'électricité.

Austral ou *méridional*, nom donné aux six signes du zodiaque qui sont au midi de la ligne équinoxiale.

Automne, troisième quartier de l'année qui commence lorsque le Soleil entre dans la Balance, ce qui a lieu vers le 21 et le 22 septembre, lorsque les jours sont égaux aux nuits.

Automnal (équinoxe). Cet équinoxe a lieu vers le temps où le Soleil entre dans la Balance; c'est le point descendant de l'écliptique appelé aussi *le point d'automne.*

Axe du monde, ligne imaginaire qui passe par le centre de la terre, et s'étend des deux côtés vers la sphère des étoiles fixes, autour duquel celles-ci paraissent décrire leurs révolutions diurnes, par suite du mouvement réel de la terre sur son propre axe.

Axes des cercles de la sphère, lignes droites que l'on suppose menées par leurs centres, perpendiculairement à leurs plans.

Azimut des corps célestes, est l'arc de l'horizon compris entre le méridien et le cercle vertical, passant par le corps dont il est question.

Azimutal (compas), instrument qui sert à trouver l'azimut magnétique, ou l'amplitude d'un corps céleste.

B.

Baromètre. Cet instrument sert à mesurer le poids de l'atmosphère, et ordinairement à prédire les changemens du temps; on l'emploie avec le plus grand avantage pour mesurer la hauteur des montagnes et pour corriger la variation de la réfraction, qui provient du changement de densité dans les couches atmosphériques.

Bissextile (année). Cette année est composée de

366 jours, et arrive tous les quatre ans. Ce jour est ajouté, parce que *l'année tropique* excède l'année civile de six heures à peu près.

Boréal, nom qu'on donne aux objets qui se trouvent au nord de la ligne équinoxiale.

Brouillard, météore aqueux. Voyez *météore*.

C

Cadran, instrument qui sert à marquer l'heure au moyen de l'ombre d'un style, projetée par le Soleil.

Calendrier, catalogue qui indique la division du temps. Il y a différentes espèces de calendriers adaptés aux usages variés de la vie, savoir : le *calendrier romain*, le *calendrier julien*, le *grégorien*, le *réformé*, et le *calendrier français* ou *perpétuel*.

Calorique. Le chaud et le froid résultent d'un même principe que l'on appelle calorique. S'il y a abondance de calorique en un lieu ou sur un point, il y a chaleur ; s'il y a, au contraire, peu de calorique, on dit qu'il fait froid.

Cardinal. On nomme *points cardinaux*, ceux du nord, de l'est, du sud et de l'ouest, de l'horizon.

— On nomme encore *signes cardinaux*, ceux du Bélier, du Cancer, de la Balance et du Capricorne. Les commencemens de ces signes se trouvent dans les points cardinaux de l'écliptique.

Carré d'un nombre. Nombre multiplié par lui-même, ainsi 100 est le carré de 10, 81 le carré de 9.

Centrifuge, force par laquelle tous les corps qui se meuvent autour d'un corps central, tendent à s'échapper par la tangente : ce mot appartient au système newtonien, qui a pris de si fortes racines parmi les philosophes modernes, que tous les autres systèmes subséquemment proposés ont dû lui céder la suprématie, quelles que soient la justesse et les heureuses combinaisons qu'ils présentent, pour expliquer les phénomènes du ciel.

Centripète, force par laquelle un corps, en mouvement autour d'un autre, tend à y tomber et à s'unir à lui ; cette dernière force et la force centrifuge, agissant toutes les deux sur les planètes, obligent celles-ci à décrire des courbes elliptiques, et non circulaires. Ces ellipses sont, si l'on peut s'expliquer ainsi, le moyen mécanique que Newton et la nature ont employé, pour maintenir la marche constante des mouvemens des corps célestes.

Charles (cœur de), nom donné à une étoile de quatrième grandeur, placée sous le carré de la Graude-Ourse, en l'honneur du roi anglais Charles II.

Cercle, figure plane terminée par une circonférence, dont tous les points sont également distans d'un point intérieur qu'on nomme centre.

Cercles de la sphère. On nomme ainsi les cercles dont les plans passent par le centre de la sphère, et dont les circonférences sont à sa surface : dans ce cas, ce sont de grands cercles ; mais quand leurs plans ne passent point par le centre, alors ce ne sont que des petits cercles. On en compte ordinairement dix, dont six grands et quatre petits, savoir : l'équateur, l'écliptique, l'horizon, le méridien, et les deux colures ; les petits sont les deux tropiques et les deux cercles polaires.

Cercle d'illumination, cercle imaginaire qui partage l'hémisphère éclairé de la terre, de l'autre hémisphère qui est dans l'obscurité.

— *de latitude* ou *cercles secondaires de l'écliptique céleste*, grands cercles perpendiculaires à l'écliptique, qui font intersection à ses pôles.

— *d'apparition perpétuelle*, petits cercles parallèles à l'équateur, et touchant l'horizon visible à un point donné.

— *d'occultation perpétuelle*, petits cercles également parallèles à l'équateur, mais qui touchent l'horizon inférieur, et ne se montrent jamais à nos yeux.

— *de position*, grands cercles de la sphère, passant par l'intersection commune du méridien et de l'horizon, et par un degré de l'écliptique au centre de la planète ou de l'étoile.

Ciel, étendue considérable où les étoiles, les planètes et les comètes semblent fixées, et dans laquelle elles accomplissent leurs révolutions immenses. Cette dernière explication ne doit s'appliquer qu'aux planètes et aux comètes, car on doit jusqu'à présent considérer les étoiles, comme des corps fixes qui ne sont doués d'aucun mouvement.

Circulaire (vélocité), rapidité d'un corps mis en mouvement, et mesuré par un arc d'écliptique.

Circompolaire (étoiles). Ce sont celles qui semblent tourner journellement autour du pôle nord, sans s'abaisser au-dessous de l'horizon, pour les différens pays de l'Europe.

Civil (jour), espace de temps accordé pour les usages ordinaires de la vie civile; ce temps est différent parmi les nations: il est le plus ordinairement divisé en vingt-quatre parties égales qu'on nomme heures.

— (mois). C'est celui qui est donné par les almanachs ordinaires.

— (année). On nomme ainsi l'année marquée par le gouvernement, pour servir à l'usage général des peuples.

Climat, partie ou zône de la surface du globe terraqué, comprise entre deux cercles de latitudes semblables; les observations les plus suivies n'ont point permis d'admettre un changement thermométrique quelconque dans leur nature, l'hypothèse contraire ne provient que de l'erreur.

Colures, nom donné à deux grands cercles de la sphère qui font ensemble une intersection à angle droit aux pôles du monde, et qui divisent l'écliptique en quatre parties égales, pour marquer les quatre saisons; le colure qui passe par le Bélier et la Balance est nommé *colure des équinoxes*; l'autre qui passe par le Cancer et le Capricorne se nomme *colure des solstices*.

Comète, corps céleste qui se meut dans toutes les directions possibles des cieux, et dans une orbite excessivement alongée; de là la cause de sa disparition pendant un espace de temps plus ou moins considérable, suivant la distance à laquelle ce corps se trouve, lorsqu'il parcourt l'apogée de son orbite.

Complément d'un arc ou d'un angle; nombre de degrés qui manquent à un arc ou à un angle quelconque, pour valoir 90°; ainsi on dit, le complément de la hauteur d'une étoile, qui est égale à sa distance zénithale; le complément de la latitude, ou la déclinaison, qui est égale à la distance polaire.

Condenser. Se dit d'un corps qui revient à lui-même; ainsi lorsque les vapeurs se coudensent dans l'atmosphère, elles retombent en eau sur la terre.

Conjonction de deux corps célestes; elle a lieu lorsque ces deux corps ont le même degré de longitude. Pour que deux astres soient en conjonction, il n'est pas nécessaire que leur latitude soit la même, il suffit qu'ils aient la même longitude.

Si deux astres se trouvent dans le même degré de longitude et de latitude, une ligne droite, tirée du centre de la terre par l'un des astres, passera par le centre de l'autre. La conjonction alors s'appellera *centrale* ou *vraie*, et il y aura éclipse. Lorsqu'une ligne droite, que l'on suppose passer par le centre des deux astres, ne passe pas par le centre de la terre, mais par l'œil de l'observateur, l'on dit que la conjonction est *apparente*.

Cône, solide engendré en faisant tourner un triangle sur un de ses côtés.

Constellation. On indique ainsi un nombre donné d'étoiles contenues dans une même figure, comme le Lion, l'Aigle, l'Ourse, etc. On ne doit point penser qu'un groupe d'étoile représente la figure indiquée par son nom; il suffit que ces noms nous fassent classer et distingner les étoiles; pour l'explication des noms mêmes, on est forcé de recourir aux mythologies égyptienne et grecque.

Corde, se dit de la ligne qui se termine à deux points de la circonférence, sans passer par le centre.

Cosmiques (lever et coucher). Ils ont lieu lorsqu'une étoile se lève ou se couche au moment du coucher du soleil.

Coucher d'une étoile, se dit de sa disparition au-dessous de l'horizon occidental.

Crépuscule et aurore. Ces expressions servent à indiquer la fin et le commencement du jour, que l'on voit avant le coucher et le lever vrai du soleil; ils sont dus à la réfraction des rayons solaires par l'atmosphère terrestre. Ils sont les plus grands aux pôles et nuls à l'équateur, où le soleil se lève en faisant brusquement succéder le jour à la nuit.

Cube d'un nombre, est un nombre multiplié deux fois par lui-même; ainsi 1000 est le cube de 10, puisque 10 fois 10 font 100, et que 10 fois 100 font 1000.

Culmination, transit ou passage d'une étoile sur le méridien.

Cycle, certaine période de temps pendant laquelle les mêmes mouvemens, les mêmes révolutions recommencent; c'est donc un espace périodique de temps.

Cycle d'indication ou *indication romaine*. Ce style n'a aucun rapport avec les mouvemens célestes; c'est une période de 15 jours. Pour trouver ce cycle, on ajoute 3 à l'année donnée, et on divise la somme par 15; le reste est l'indiction.

Cycle de la lune, ou *cycle lunaire*, période de 19 ans, pendant laquelle les nouvelles et pleines lunes reviennent à peu près aux mêmes jours que 19 ans auparavant; ce cycle est appelé *nombre d'or*, parce que, lors de son invention, les grecs assemblés aux jeux olympiques, décidèrent que les chiffres qui l'expriment, seraient gravés en caractères d'or.

Cycle solaire, période de 28 ans, après laquelle les jours des mois reviennent encore aux mêmes jours des semaines.

D

Déclinaison, distance du soleil, de la lune et des étoiles, au point équinoxial nord ou sud.

— (cercles de), grands cercles perpendiculaires à l'équateur et passant par les pôles.

Degré, 360e partie de la circonférence du grand cercle, et la 30e partie d'un signe de l'écliptique : il est marqué par un °.

Deneb, terme arabe qui signifie queue : c'est le nom de plusieurs étoiles fixes.

Dépression du pôle, indique les quantités dont il avance vers l'équateur.

— *du soleil* ou *d'une étoile*, distance verticale d'un de ces corps au-dessous de l'horizon.

Descendant (nœud), point de l'orbite d'une planète où elle coupe l'écliptique, en passant vers le sud.

Diamètre, ligne droite qui passe par le centre d'un

cercle, et dont les extrémités aboutissent à la circonférence.

Dilater, se dit des corps qui s'étendent sans cependant avoir plus de volume réel. Quand l'objet condensé revient à lui-même, il commence à se raréfier; il se raréfie encore bien plus, si, non content de faire cesser la compression, il arrive qu'on étire l'objet, comme quelquefois, on étire, en s'habillant, ses bretelles ou ses jarretières.

Cette propriété commune à l'air et presqu'à tous les corps, se nomme tour à tour *compressibilité* ou *dilatabilité*, ou bien encore, si, dès que la force qui comprime a cessé d'agir, le corps comprimé revient très-vîte à son état primitif, *élasticité*.

Disque, surface visible du soleil ou de la lune.

— *de la terre*, différence qu'il y a entre la parallaxe horizontale du soleil et de la lune; on se sert de ce terme dans les calculs des éclipses solaires.

Distance du soleil, de la lune et des planètes; distances réelles de ces corps; elles sont trouvées par les parallaxes.

Distance accourcie d'une planète à la terre ou au soleil; c'est la distance de la terre ou du soleil, au point où une perpendiculaire, passant par la planète, coupe l'écliptique.

Diurne, ce qui appartient ou est relatif au jour.

— (arc), l'arc décrit par les corps célestes, depuis leur lever jusqu'à leur coucher apparent.

— (mouvement). Il est indiqué par le nombre

de degrés, de minutes et de secondes, qu'un corps céleste parcourt en 24 heures.

Diurne (mouvement) *de la Terre*, se dit de sa rotation journalière de son axe. Ce mouvement fait donc parcourir à peu près 375 lieues, à tous les points de l'équateur, en une heure de temps.

Doigt, douzième partie du diamètre du Soleil ou de la Lune; on se sert de cet expression dans les calculs des éclipses de ces corps, pour en marquer la grandeur.

Dominicales (lettres). On a l'habitude de marquer dans les almanachs, les dimanches de toute l'année par une lettre majuscule prise dans une des sept premières lettres de notre alphabet. Voyez le chapitre du calendrier.

Droite (ascension d'un astre). C'est la distance comptée, selon l'ordre des signes, depuis le point de l'équateur à o du Belier, jusqu'au point de l'équateur qui se lève en même temps que l'astre. Ou autrement, l'intervalle compris entre le commencement du Bélier et le point de l'équateur qui se lève dans la sphère droite, ou qui passe par le méridien en même temps que le Soleil ou une étoile. Cet intervalle étant connu et converti en temps, à raison de 15 degrés par heure, si l'étoile a 30 degrés d'ascension droite de plus que le Soleil, elle passera deux heures après lui au méridien, c'est-à-dire à deux heures de l'après-midi.

Droite (sphère), celle ou l'équateur et ses parallèles coupent l'horizon à angles droits.

Drosomètre. Instrument destiné à mesurer la quantité de rosée.

E

Eclipse, phénomène occasionné par l'interposition d'un corps opaque entre notre œil et un corps qui nous envoie ses rayons lumineux.

Ecliptique, grand cercle de la sphère que décrit la Terre dans son mouvement annuel autour du Soleil; on le nomme aussi *orbite terrestre;* le plan de l'équateur terrestre est incliné de près de 23° 28′ sur celui de l'écliptique, dans ce siècle; si cette inclinaison diminuait toujours, il arriverait probablement une époque, où l'équateur et l'écliptique coïncideraient; alors il y aurait un printemps très-long, puisque le Soleil décrirait l'équateur; mais cet état de choses ne pourrait durer indéfiniment. Le célèbre géomètre Laplace a démontré que cette conjonction de l'écliptique et de l'équateur ne peut avoir lieu, et que le balancement d'un des cercles sur l'autre, ne saurait excéder les limites de 2 à 3 degrés.

Electomètre. Instrument destiné à mesurer la quantité d'électricité.

Elévation du pôle ou d'une étoile, hauteur exprimée en degrés et parties de degrés, au-dessus de l'horizon.

Ellipse, cercle alongé qu'on nomme aussi *ovale.*

Emersion d'un corps céleste, se dit lorsqu'après avoir été éclipsé, ce corps paraît de nouveau en se dégageant de l'ombre ou du corps qui le cachait; c'est le cas où se trouvent les satellites de Jupiter, de Saturne et d'Herschel. La Lune, dans ces occultations d'étoiles, cause aussi leur émersion en s'éloignant d'elles, par son mouvement propre combiné avec celui de la Terre.

Ephémérides, nom donné aux tables astronomiques, qui contiennent les calculs des lieux des corps célestes, de leurs mouvemens, etc., jour par jour. Les meilleures éphémérides connues, sont sans contredit la *Connaissance des Temps*, que publie le bureau des longitudes de Paris, et l'*Almanach nautique*, publié à Londres. Ces deux ouvrages paraissent tous les ans.

Epicycle, petit cercle inventé par les anciens astronomes, dont le centre est un point de la circonférence d'un plus grand cercle; il servait à expliquer les stations et les rétrogradations des planètes. Le grand cercle dans la circonférence duquel l'épicycle a son centre, est l'*excentrique de la planète*. Le système naturel de Copernic a fait tomber entièrement celui des épicycles.

Equation, en astronomie, exprime souvent la différence entre le mouvement réel d'une planète et celui qui est mesuré par un mouvement moyen uniforme. On l'appelle quelquefois *équation du centre*. Képler la divisait en équation optique et en équation physique; il démontra en 1619, que le mouvement des planètes dans leurs orbites, ne devait pas seulement paraître inégal à cause de leur distance différente du soleil, mais qu'il l'était en effet. A l'apogée, la planète va moins vite, au périgée elle a un mouvement accéléré.

L'équation du centre n'est pas la seule inégalité à laquelle le mouvement des planètes soit assujetti, il en est encore d'autres qui viennent principalement de l'action mutuelle que les corps exercent les uns sur les autres, ou de celles que le soleil exerce sur les satellites. C'est principalement dans la Lune que ces équations sont sensibles.

Equatorial (cercle), instrument très-utile en astronomie pour prendre des hauteurs, l'azimut, l'ascension droite, etc., des corps célestes.

Equinoxial, nom donné au cercle céleste qui, sur la Terre, répond à l'équateur; c'est un des grands cercles de la sphère, dont les pôles sont les pôles du monde. Voyez *écliptique*.

Équinoxial. Voyez *colures*.

— (points). Ces points sont le Bélier et la Balance: lorsque le Soleil paraît décrire ces deux signes, il est nommé équinoxial.

Ère ou *époque*, point fixe du temps d'où l'on part pour compter les années suivantes ou celles qui ont précédé.

Est, nom d'un des points cardinaux; c'est ce point où le soleil paraît se lever aux équinoxes.

Étendue. La *ligne* est une étendue en longueur; la *surface*, une étendue en longueur et en largeur, et le *corps*, une étendue en longueur, largeur et profondeur.

Étoiles, corps fixes et lumineux la nuit, qui paraissent attachés à la voûte céleste. Elles sont divisées en groupes qu'on appelle *constellations*; chaque étoile étant marquée par une lettre ou un chiffre, sur les cartes, on peut par ce moyen trouver tout de suite sa correspondante dans le Ciel.

Etoiles informes, nom ancien des étoiles qui n'étaient pas comprises dans les différentes constellations, ou qui n'en faisaient pas partie ; les astronomes modernes en ont fait des constellations nouvelles.

Évection. Voyez *Angle d'évection*.

Excentricité, distance du centre aux foyers des orbites elliptiques des planètes.

Excentrique. Voyez *annuel*, et *anomalie*.

Excentriques, on nomme ainsi deux ou plusieurs circonférences, engagées les unes dans les autres, et qui n'ont pas le même centre.

F

Facules, nom donné à certaines taches plus éclairées, que l'on voit souvent sur le disque du soleil.

Fixes. On donne le nom de signes fixes du zodiaque au Taureau, au Lion, au Scorpion et au Verseau, parce que les saisons paraissent plus fixes lorsque le soleil passe dans ces signes, que dans tout autre temps de l'année.

— (étoiles), celles qui ne paraissent pas changer leur position relative, ou leurs situations les unes à l'égard des autres ; le nom d'*étoiles fixes* leur a été donné pour les distinguer des planètes et des comètes. Voyez *étoiles*.

Fluides, corps invisibles répandus dans l'atmosphère.

Foudre, l'un des phénomènes atmosphériques.

G

Galaxie, nom de cette grande tache blanchâtre qui paraît environner le ciel de toutes parts; on l'appelle aussi *voie lactée* : on l'aperçoit très-bien dans les nuits obscures, pendant l'absence de la lune. Le célèbre Herschel a trouvé que cette voie lactée consistait en un nombre considérable de petites étoiles, et de matières nébuleuses, qu'il est impossible de distinguer sans le secours de très-forts télescopes.

Géocentrique, se dit de la latitude géocentrique d'une planète, c'est-à-dire de sa latitude telle qu'elle paraît, vue de la terre.

Cette latitude est la distance à laquelle une planète nous paraît sous l'écliptique; c'est l'angle que fait une ligne qui joint la planète et la terre, avec le plan de l'orbite terrestre, qui est le véritable écliptique : ou, ce qui est la même chose, c'est l'angle que la ligne, qui joint la planète à la terre, forme avec une ligne qui aboutirait à la perpendiculaire abaissée à la planète sur le plan de l'écliptique.

— (longitude), ou le lieu géocentrique d'une planète, est le lieu de l'écliptique auquel on rapporte une planète vue de la terre.

Gibbeux (bossu), terme dont on se sert en parlant de la figure des parties éclairées de la lune, depuis le temps du premier quartier jusqu'à la pleine lune, et depuis celui de la pleine lune jusqu'au dernier quartier.

Givre, l'un des phénomènes atmosphériques.

Gnomon, instrument fort employé par les anciens,

pour trouver les hauteurs et les déclinaisons des corps célestes.

Grandeur. Les étoiles fixes, suivant leur volume apparent ou leur éclat, sont divisées en grandeurs : les plus brillantes sont dites étoiles de première grandeur ; puis viennent celles de deuxième et troisième grandeur, etc. ; chacune d'elles est marquée d'une lettre de l'alphabet grec ou romain ; lorsque ces deux alphabets sont épuisés, on continue de marquer les étoiles de la même constellation par des chiffres : ce qui donne aux cartes célestes les moyens d'opérer la reconnaissance de l'étoile que l'on voit au ciel, après s'être orienté.

Grégorien (calendrier), nom donné au calendrier julien réformé, maintenant en usage dans presque toute l'Europe ; ce nom vient du pape Grégoire XIII, qui ordonna ce changement.

Grégorien (époque), temps où le calcul grégorien se fit en premier lieu, c'est-à-dire en l'année 1582.

— (télescope). L'ouverture de ce télescope réflecteur se trouve dans le centre du grand miroir par lequel l'image est renvoyé à l'œil par le petit réflecteur. Les objets vus par ce moyen, ne peuvent pas être aussi distincts que dans les autres instrumens, et la cause en doit être attribuée à l'ouverture pratiquée dans le grand miroir, qui en diminue par conséquent la force.

— (année). On la nomme aussi *année du nouveau style* ; elle est maintenant en usage : cette année consiste en 365 jours pendant trois ans consécutifs, et en 366 jours le quatrième, de même que dans la computation julienne ; mais comme celle-ci excède l'année tropique de près de 11' $^1/_{20}$, qui, au temps du pape Grégoire XIII, s'élevait à 10 jours, il ordonna de retrancher ces 10 jours de l'almanach ; et, pour prévenir une anticipation semblable à l'avenir, il fut convenu que les siècles dont le nombre ne serait pas divisible par 4, seraient des années communes.

Grêle, l'un des phénomènes atmosphériques.

Grésil, l'un des phénomènes atmosphériques.

H

Hauteur d'un corps céleste, arc du cercle vertical qui se trouve entre ce corps et l'horizon. C'est donc l'angle compris entre la ligne menée parallèlement à l'horizon, et le rayon visuel qui vient de l'objet à l'œil de l'observateur.

Halo, nom du cercle lumineux dont le diamètre est quelquefois de 45°, et qui environne le soleil ou la lune ; il est plus que probable que cette apparence doit son origine à la réflexion de la lumière occasionnée par notre atmosphère : on voit souvent ce phénomène pendant les temps orageux.

Héliaque (lever ou coucher). On se sert de ce terme pour indiquer qu'une étoile se lève ou se couche avec le soleil. On dit donc le lever héliaque d'une étoile, lorsqu'on la voit immédiatement après sa conjonction avec le soleil ; et coucher héliaque, lorsqu'elle est comprise dans les rayons solaires jusqu'à en être cachée.

Héliocentrique, est le nom que les astronomes donnent au lieu d'une planète vue du soleil, c'est-à-dire au lieu où paraîtrait la planète si notre œil était dans le centre du soleil; ou, ce qui revient au même, le lieu où la longitude héliocentrique, est le point de l'écliptique auquel nous rapporterions une planète, si nous étions au centre du soleil.

La latitude héliocentrique d'une planète est la distance de la planète à l'écliptique, telle qu'on la verrait si l'on était dans le soleil; c'est l'angle de la ligne menée par le centre du soleil et le centre de la planète, avec le plan de l'écliptique.

Hémisphère, moitié d'un globe ou d'une sphère divisée par un plan passant par son centre. L'équateur ou la ligne équinoxiale divise la sphère en deux parties égales, appelées suivant la dénomination des pôles vers lesquels elles sont tournées.

Horizon, nom d'un grand cercle de la sphère qui divise les cieux en deux parties égales, appelées hémisphères supérieur et inférieur. Voyez *apparent*.

Horizontal, ce qui a du rapport à l'horizon, ou bien qui lui est parallèle.

— (parallaxe), se dit de la parallaxe d'un corps lorsqu'il se trouve dans l'horizon. Voyez *parallaxe*.

Hygromètre, instrument destiné à mesurer la quantité d'humidité invisible dans l'atmosphère.

I

Immersion, commencement d'une éclipse; on s'en sert particulièrement en parlant des éclipses des satellites de Jupitèr. Lorsque le satellite entre dans l'ombre de la planète, on dit qu'il est en immersion, par opposition à l'émersion, qui est sa sortie de l'ombre. Lorsqu'une étoile ou une planète est près du soleil jusqu'à en devenir invisible, on la dit alors en immersion.

Inclinaison de l'orbite d'une planète, angle que forme le plan de l'orbite de cette planète avec le plan de l'écliptique ou l'orbite de la terre. Voyez *écliptique*.

Intersection, point, où deux ou plusieurs lignes droites ou courbes se croisent.

Isothère. Par des procédés analogues à ceux qui ont conduit aux lignes isothermes, on est arrivé aux lignes *isothères* et *isochimènes*. Tous les lieux situés sur une même ligne isothère ont la même température moyenne, l'été : tous les lieux situés sur une même ligne isochimène ont la même température, l'hiver.

Isotherme. Nom que l'on donne à une ligne qui, tracée sur le globe, parcourt, dans la direction générale du même point cardinal, tous les points du globe.

J.

Jour, partie du temps comprise entre les lever et coucher apparens du soleil.

— *astronomique*. Ce jour commence à midi et se compte en 24 heures d'un midi à l'autre.

— *civil*. Voyez ce dernier mot.

— *sidéral*, temps qui s'écoule entre deux passages successifs d'une même étoile au méridien;

les observations les plus exactes prouvent que ce jour (déterminé par la durée de la rotation de la Terre), n'a pas varié d'un centième de seconde depuis 2,000 ans, ce qui prouve que la vitesse de rotation de notre globe s'est conservée invariable.

L.

Latitude, en géographie, est la hauteur du pôle, ou bien c'est un arc de méridien compris entre l'équateur et le zénith; elle est nord ou sud, suivant que le lieu se trouve au nord ou au sud de l'équateur.

Latitude de la Lune, distance perpendiculaire de ce satellite au plan de l'écliptique; cette latitude est nord, quand la Lune est au nord de l'écliptique, et sud, lorsqu'elle est au sud de ce grand cercle. La Lune est donc en *ascension septentrionale* depuis son nœud ascendant jusqu'à ses limites nord, et en *descension septentrionale* depuis ce dernier point jusqu'au nœud descendant. De même, elle est en *ascension méridionale* depuis ses limites sud jusqu'au nœud ascendant, et en *descension méridionale* depuis le nœud descendant jusqu'à ses limites sud. On peut en dire autant de toutes les autres planètes.

Lever d'un corps céleste, se dit de son apparition au-dessus de l'horizon oriental. Il est causé par le mouvement de la terre sur son axe, mouvement qui se fait en sens contraire au mouvement apparent des corps célestes.

Libration de la Lune, s'entend des irrégularités apparentes et périodiques de son mouvement; cette libration est cause que la même surface de la Lune, ne nous est pas rigoureusement opposée, ou tournée vers la terre d'une manière parfaite.

Ligne, c'est la trace d'un point glissé le long d'un corps solide, quelle que soit d'ailleurs sa forme; on distingue généralement deux sortes de lignes, la droite et la courbe.

Limites d'une planète. On indique ainsi sa plus grande latitude héliocentrique.

Longitude des astres, distance au premier point du Bélier, prise selon l'ordre des signes. Pour la mesurer, on conçoit un grand cercle perpendiculaire à l'écliptique, qui passe par le centre de l'astre dont on cherche la longitude : le point où le cercle coupe l'écliptique, détermine la longitude de l'astre.

Lunaire (distance), terme dont on se sert en astronomie nautique, pour exprimer la distance de la lune au soleil ou à une étoile fixe; on se sert beaucoup de cette distance dans le calcul des longitudes.

M

Macules, nom de taches noires que l'on voit fréquemment sur le disque du soleil.

Marées, flux et reflux périodiques des eaux de la mer; il est généralement reconnu aujourd'hui que les marées sont causées par l'action luni-solaire sur la masse liquide de notre globe.

Méridien, nom d'un grand cercle de la sphère qui passe par les pôles du monde. Ce cercle, perpendiculaire à l'équateur, sert à mesurer les latitudes des divers pays de la Terre; car ces latitudes sont les arcs de ce méridien, compris entre l'équateur et le parallèle qui passe par le lieu. Les pays qui ont le même méridien, comptent tous la même heure : en avançant vers l'orient, on gagne sur le temps solaire; en procédant vers l'occident, on perd au contraire dans la computation du temps; en faisant le tour entier du globe, on gagne ou on perd tout un jour, suivant le point vers lequel on s'est dirigé.

Météore. On nomme météores tous les phénomènes atmosphériques. Voyez pluie, grêle, vapeurs, etc.

Météorologie. C'est la connaissance des phénomènes de l'atmosphère.

Micromètre, instrument adapté aux lunettes et dont l'usage est de mesurer des angles très-petits, tels que les diamètres des corps célestes, autre que les étoiles qui n'ont encore présenté aucun disque apparent, malgré les amplifications de 7,000 ou de 10,000 dont le célèbre Herschel père a fait usage; elles semblaient au contraire diminuer de volumes en raison de l'augmentation de la force amplificative.

Milieu du ciel, point ou degré de l'écliptique qui se trouve au méridien en tout temps.

Mirage. Phénomène atmosphérique qui fait voir tous les objets que porte la surface du sol apparaître en même temps droits et renversés; le sol lui-même prend l'aspect d'une immense nappe d'eau; la voûte du ciel ne semble qu'une surface d'eau réfléchissante, et en même temps on l'aperçoit comme on l'apercevrait dans un lac. Comme c'est ordinairement dans de vastes plaines nues qu'a lieu ce phénomène, rien ne vient interrompre l'aspect uniforme du lac qu'on croit avoir devant ses yeux.

Mois, douzième partie de l'année.

— *lunaire*, temps que la Lune emploie à décrire tout le cercle de l'écliptique; il est de $27^j\ 7^h\ 45'$.

— *synodique*, temps qui s'écoule entre deux conjonctions du soleil et de la lune; il est de $29^j\ 12^h\ 44'\ 3''$.

— *solaire*, temps moyen du passage du soleil dans un signe entier de l'écliptique, qui est de près de $30^j\ 10^h\ 29'$.

Mouvement angulaire, mouvement qu'ont les planètes autour du soleil: on le dit encore du mouvement des satellites autour des centres de leurs planètes primaires.

Moyenne (anomalie) *d'une planète*, est sa distance angulaire de l'aphélie ou du périhélie, en supposant que ce corps se meut dans un cercle.

— (conjonction) *du soleil et de la lune*, se dit de la conjonction de leurs orbites.

— (distance) *d'une planète*, est le diamètre transversal de son orbite.

N

Nadir, point des cieux qui est opposé au zénith, directement sous nos pieds.

Nébuleuses, nom donné à ces étoiles télescopiques qui ont l'apparence de petits nuages.

Neige, l'un des phénomènes atmosphériques.

Nocturne (arc), il est décrit par un corps céleste pendant une nuit entière.

Nonagésimal (degré), le plus haut point de l'écliptique au-dessus de l'horizon; il est par conséquent égal à l'angle que forme l'écliptique avec l'horizon.

Nœuds, noms de deux points opposés, où l'orbite d'une planète fait intersection avec l'écliptique.

Nombre de direction, nombre qui n'excède pas 35; il forme la limite du jour de Pâques, qui tombe toujours entre le 21 mars et le 25 avril.

— *d'or*. Voyez *cycle lunaire*.

Nord, nom d'un des quatre points cardinaux du monde opposé au sud; on détermine facilement ce point, puisqu'à midi le soleil se trouve à peu près au sud vrai de l'horizon. En traçant, à cette heure, une méridienne, au moyen d'un fil à plomb, on aura une ligne nord et sud parfait.

Nuage, nom que l'on donne à la vapeur devenue visible et suspendue dans l'atmosphère.

Nutation de l'axe de la terre, espèce de mouvement de libration, qui est cause que l'inclinaison de l'axe sur le plan de l'écliptique, est sujette à de petites variations.

O

Oblique (ascension), point de la ligne équinoxiale qui se lève avec un corps céleste, dans une sphère oblique.

— (descension), point de la ligne équinoxiale qui se couche avec un corps céleste, dans une sphère oblique.

Oblique (sphère), position de la sphère, où l'équateur et ses parallèles coupent l'horizon obliquement.

— (ligne), est celle qui est inclinée sur une autre, et avec laquelle elle forme deux angles, dont l'un est aigu et l'autre obtus.

Observatoire, nom du lieu ou de l'édifice où se font les observations célestes.

Occident, nom de la partie du monde où le soleil et les étoiles semblent se coucher.

Occidental. On dit qu'une étoile est occidentale, lorsqu'elle se couche après le soleil.

Occultation, éclipse momentanée d'une étoile ou d'une planète, par l'interposition du corps de la lune; se dit encore de l'éclipse des étoiles, causée par les différentes planètes de notre système, ou par d'autres étoiles, comme dans les étoiles doubles.

Ombromètre, instrument destiné à rechercher la quantité de pluie tombée sur une surface donnée.

Opposition, aspect des corps célestes, lorsqu'ils se trouvent à 180° de distance les uns des autres.

Orbite, ligne courbe, suivant laquelle chaque planète fait son mouvement autour du soleil. Les différentes orbites ne sont pas toutes dans le même plan, elles sont inclinées plus ou moins, de manière à faire des angles plus ou moins grands dans leurs intersections. Comme on a l'habitude de tout rapporter à la terre, on mesure l'inclinaison des orbites des différentes planètes de notre système, sur celle de la terre, qu'on nomme écliptique; c'est cette mesure qui est exprimée dans tous nos livres d'astronomie. Ces angles d'obliquité récipoques des orbites ne sont pas constamment les mêmes. Ils varient de quelques fractions de seconde par siècle.

Orient, nom de la partie du monde où le soleil et les étoiles semblent se lever.

Oriental. On dit qu'une planète est orientale, lorsqu'elle se lève avant le soleil.

Ortive (amplitude) ou orientale, d'un corps céleste. Voir *amplitude*.

P

Parallaxe, angle formé au centre d'une étoile, par deux lignes, dont l'une est tirée du centre de la terre, et l'autre d'un point quelconque de sa surface.

— *de hauteur*, différence qui existe entre la hauteur vraie d'un corps et sa hauteur apparente : en d'autres termes, c'est la différence qu'il y a entre sa hauteur vue de la surface terrestre, et cette même hauteur vue du centre de la terre.

— *horizontale*. Comme la parallaxe affecte la hauteur d'un corps, elle affecte en même temps son ascension droite, sa déclinaison, sa latitude et sa longitude.

Parallèle (sphère). On appelle ainsi la sphère où l'équateur est parallèle à l'horizon.

Parallèles (lignes), deux ou plusieurs lignes qui sont également éloignées dans tous leurs points correspondans ; ainsi les lignes droites et courbes, et les circonférences, peuvent être parallèles à d'autres lignes droites et courbes et à d'autres circonférences.

Parallèles de hauteur, petits cercles parallèles à l'horizon.

— *de déclinaison* ou *parallèles de latitude*, petits cercles parallèles à l'équateur ou à la ligne équinoxiale.

Paratonnerre, instrument destiné à soutirer le fluide électrique répandu dans l'atmosphère.

Paragrèle, instrument destiné à garantir de la grêle.

Parhélie, nom donné à ce faux soleil, qui, dans les régions du nord, est souvent observé se placer à quelque distance du soleil véritable; on présume que ce phénomène est produit par la réflexion de l'image du soleil sur les glaces du pôle.

Passages (instrumens des), nom donné au télescope fixé sur un axe horizontal et monté sur un pied, au moyen duquel l'instrument se meut exactement dans la méridienne du lieu de l'observation: il doit être fixe pour pouvoir suivre les mouvemens diurnes des corps célestes sur le plan du méridien, pour connaître le mouvement journalier des pendules; l'usage de cet instrument est habituel aux astronomes observateurs, pour déterminer les ascensions droites, les déclinaisons, le temps, etc., etc.

Pénombre. En général, ce mot indique cette ombre faible qui environne l'ombre vraie; on la distingue particulièrement dans les éclipses de la lune; la pénombre occasionne la difficulté qu'il y a à prendre exactement l'ombre de l'extrémité d'un gnomon. Ce qu'il y a de mieux à faire en pareil cas, c'est de surmonter le gnomon d'une boule, de dessiner l'image entière de cette boule, et d'en prendre le centre.

Périgée, point de l'orbite lunaire qui est le plus rapproché de la terre.

Périhélie, point de l'orbite d'une planète ou d'une comète qui est le plus rapproché du soleil.

Perpendiculaire, est une ligne qui tombe à plomb sur une autre, avec laquelle elle forme nécessairement deux angles droits.

Phases, apparences diverses que nous montrent la Lune, Vénus et Mercure, dans leurs parties éclairées.

Phénomène, se dit de toute apparence singulière qui a lieu ou qui se produit dans les cieux ; une éclipse, une comète, etc., etc.

Photomètre, instrument destiné à mesurer la quantité de lumière.

Place d'un corps céleste, est simplement sa position dans les cieux : ce lieu est ordinairement exprimé par sa latitude et sa longitude, ou son ascension droite et sa déclinaison.

Planète, nom donné aux corps célestes dont les mouvemens s'exécutent autour du soleil, en un temps plus ou moins considérable, et qui est en rapport avec le carré de leurs distances. On distingue les planètes des étoiles fixes, en ce qu'elles changent constamment de position dans le ciel, et qu'elles n'ont point de scintillation apparente. Les planètes se divisent en *planètes primaires* et en *planètes secondaires* ; ces dernières sont les satellites qui se meuvent autour des primaires, comme centre d'attraction.

Pluie, l'un des météores ou phénomènes atmosphériques.

Point, figure indivisible de géométrie, qui n'a ni hauteur, ni largeur, ni profondeur.

Pôles, ou extrémités de l'axe du monde, dont l'un est nommé *pôle nord*, l'autre *pôle sud*.

Précession des équinoxes, mouvement extrêmement lent des points équinoxiaux, qui se fait de l'est à l'ouest; ce mouvement n'est que de 50″ par an, à peu près.

Primaires (planète). On distingue ainsi les corps célestes qui ont le soleil pour centre de leurs mouvemens.

Printemps, premier quartier de l'année, qui commence lorsque le soleil entre dans le Bélier, ce qui a lieu du 20 au 21 mars; les jours alors sont égaux aux nuits.

Q

Quadrant, la quatrième partie d'un cercle, ou 90°. C'est aussi le nom d'un instrument dont la construction est assez variée, et qui sert à prendre la latitude et la distance angulaire des corps célestes.

Quadrature, position de la lune, lorsqu'elle est à 90° du soleil, par rapport à la terre.

Queue, nom de ce nuage blanchâtre qui suit ou précède presque toujours les comètes.

R

Raréfier, voyez *dilater*.

Rayon, se dit de la ligne droite menée du centre d'un cercle à la circonférence.

Rayon vecteur, ligne imaginaire qui joint la planète au soleil, et qui décrit des aires égales en des temps égaux pendant le mouvement de la planète autour du soleil.

Réduction, différence qui existe entre l'orbite d'une planète, le lieu ou l'argument de latitude, et le lieu de l'écliptique.

Réfraction, courbure particulière à laquelle sont assujettis les rayons lumineux, en passant dans notre atmosphère; la réfraction fait paraître les corps célestes plus élevés au-dessus de l'horizon qu'ils ne le sont réellement.

Réticule, instrument inventé pour déterminer avec précision les grandeurs des éclipses et le temps vrai du passage d'une étoile dans le champ d'une lunette.

Révolution, période de temps qu'emploie un corps céleste à tourner autour d'un autre.

Rhumb. On appelle ainsi chacun des trente-deux airs du vent.

Rose des vents. Telle est le nom que l'on donne aux figures représentant la direction des vents. Le nombre des principaux vents est de 32.

Rosée. L'un des phénomènes atmosphériques.

S.

Saison. Les saisons sont au nombre de quatre : le printemps, l'été, l'automne et l'hiver. La première commence lorsque le Soleil paraît entrer dans le Bélier; la seconde, quand il décrit le Cancer; la troisième se détermine par son entrée dans la Balance, et l'hiver lorsqu'il entre dans le Capricorne.

Saros, appelé aussi *saros chaldéen*, est une période de 223 lunaisons, après laquelle la même éclipse revient de nouveau, à une heure ou deux de différence, mais non point avec le même degré d'obscurcissement.

Satellites, ou *planètes secondaires*, corps célestes qui tournent autour des planètes primaires; la Lune est une planète secondaire, ainsi que les petites étoiles qui accompagnent Jupiter, Saturne et Herschel.

Seconde, soixantième partie d'une minute, soit en temps, soit en mouvement.

Secondaires (cercles), sont tous ces cercles qui font intersection à angle droit avec un des six grands cercles de la sphère.

— (planètes). Voyez *satellites*.

Serein. L'un des phénomènes atmosphériques.

Sextant, sixième partie d'un cercle; c'est aussi le nom d'un instrument d'astronomie, dont l'usage est le même que celui du *quadrant* ou *quart de cercle*.

Sidéral (jour), temps qu'une étoile met à revenir au même méridien; il est nécessairement égal à celui qu'emploie la Terre à accomplir une révolution entière sur son axe, ou 23^h 56′ 41″ du temps solaire moyen.

— (année), temps que la Terre emploie à accomplir une révolution entière dans son orbite, de manière à revenir à la même étoile.

Signe, douzième partie du zodiaque ou de l'écliptique; chaque signe est divisé en 30 degrés.

Signes, certaines marques dont on se sert en astronomie pour désigner plus particulièrement les objets dont on parle; ces signes s'expriment ainsi: le Bélier ♈, le Taureau ♉, les Gémeaux ♊, le Cancer ♋, le Lion ♌, la Vierge ♍, la Balance ♎, le Scorpion ♏, le Sagittaire ♐, le Capricorne ♑, le Verseau ♒, les Poissons ♓.

Solaire (année). Elle est de deux espèces: l'année tropique et l'année sidérale. Voyez chacun de ces mots.

Solstices, temps où le Soleil paraît entrer dans les points des tropiques du Cancer ou du Capricorne. Les jours y sont alors les plus longs ou les plus courts de l'année.

Solsticiaux (points), noms donnés aux deux points dont il est question dans l'article précédent.

Sphère, on entend par sphère céleste, cette surface concave en apparence, où tous les objets des cieux, comme le Soleil, les étoiles, etc., paraissent fixés; les différentes divisions imaginaires, les signes, les points et les cercles que les astronomes ont inventés, en font également partie, et sont comme suit:

L'*axe* de la sphère céleste ou de la Terre, est une ligne droite qui passe par le centre de la Terre, et autour duquel tous les corps célestes paraissent tourner en un jour.

Les pôles de la sphère céleste ou de la Terre sont les points extrêmes de cet axe; l'un est vers le nord, l'autre vers le sud.

La *ligne équinoxiale* ou l'*équateur*, est un

grand cercle imaginé dans la sphère céleste, également éloigné des deux pôles; c'est par cette raison que les pôles du cercle équinoxial sont les mêmes que les pôles de la sphère céleste; l'axe est par conséquent perpendiculaire au plan du cercle équinoxial.

La *ligne équinoxiale* ou l'*équateur* divise le ciel en deux parties égales, appelées les *hémisphères nord* et *sud*.

Les *méridiens* sont des grands cercles passant par les pôles du monde, et coupant l'équateur à angles droits.

L'*horizon* est un grand cercle qui sépare la moitié visible des cieux de l'autre moitié qui est invisible; ses points cardinaux sont: le nord, le sud, l'est et l'ouest.

Le *zénith* est un point dans la sphère céleste ou dans le ciel, qui répond directement au-dessus de nos têtes; ou bien, en d'autres termes, c'est un point de l'hémisphère visible, également distant, ou à 90°, de toutes les parties de l'horizon.

Le *nadir* est ce point de la sphère céleste diamétralement opposé au zénith, et directement sous nos pieds.

Le *zénith* et le *nadir* sont, tous les deux, les pôles de l'horizon.

L'*azimut*. Arc de l'horizon compris entre le méridien et le cercle vertical. On donne la dénomination de cercles azimutaux, à ces grands cercles qui passent par le zénith et le nadir, et coupent l'horizon à angles droits.

Le *premier vertical* est un cercle azimutal qui passe par les points d'orient et d'occident vrais de l'horizon.

L'*écliptique*, ou le *zodiaque*, est ce grand cercle de la sphère divisé en 360°, dans lequel le Soleil accomplit sa révolution annuelle apparente; ce cercle fait intersection avec la ligne équinoxiale, suivant un angle de 23° 28′ à peu près; les points d'intersection sont appelés les points du Bélier et de la Balance.

L'*écliptique* est divisée en douze parties égales, appelées les *signes*; chacun de ces signes est par conséquent divisé en 30°.

Les *pôles de l'écliptique* sont à 23° 28′ de distance des pôles de l'équateur.

Les *cercles de longitude* sont de grands cercles qui passent par les pôles de l'écliptique; ils coupent ce cercle à angles droits, comme les méridiens coupent l'équateur.

Les *parallèles de déclinaison* sont parallèles à la ligne équinoxiale.

Les *tropiques* sont ces deux cercles de déclinaison, parallèles, qui touchent l'écliptique aux points opposés du Cancer et du Capricorne; ce sont conséquemment les limites de la route du soleil, au nord et au sud de l'équateur.

La *longitude* d'un objet céleste quelconque est l'arc d'écliptique compris entre le prémier point du Bélier et le cercle de longitude qui passe par l'objet.

La latitude d'un objet céleste est l'arc du cercle de longitude compris entre cet objet et l'écliptique.

La *déclinaison* d'un corps céleste, est l'arc du méridien compris entre son centre et la ligne équinoxiale.

L'*ascension droite* de tout objet céleste est l'arc de l'équateur compris entre le premier degrès du Bélier et le méridien qui passe par le centre de cet objet.

L'*ascension oblique* est le point de la ligne équinoxiale qui se lève avec le corps, dont il exprime cet *élément*.

La *différence ascensionnelle* se dit de l'arc de la ligne équinoxiale compris entre l'ascension droite et l'ascension oblique du même objet.

L'*azimut* d'un objet céleste est un arc de l'horizon compris entre le méridien et le cercle azimutal qui passe par le centre de cet objet.

L'*amplitude* se dit de l'arc de l'horizon compris entre les points d'est ou d'ouest, et le centre de l'astre à son lever et à son coucher.

Enfin, la *hauteur* d'un corps céleste est l'arc du cercle azimutal compris entre son centre et l'horizon.

Spirale, ligne courbe qui fait plusieurs révolutions autour de son centre, soit en s'en éloignant, soit en s'alongeant.

Stationnaire. On dit qu'une planète est stationnaire, quand elle paraît n'avoir aucun mouvement entre les étoiles fixes. C'est ce qui a lieu quand elle a atteint sa plus grande élongation, et qu'elle se rapproche du corps du soleil.

Sud, un des quatre points cardinaux du monde; lorsque le soleil paraît entrer au méridien, dans les latitudes boréales du globe, il se trouve alors directement au sud.

Sympiézomètre, instrument destiné à mesurer le poids de l'atmosphère.

Syzygie, conjonction ou opposition d'une planète avec le soleil.

T

Tangente, ligne droite qui vient rencontrer une circonférence de cercle sans le couper.

Télescopes, nom d'un instrument dont on se sert généralement en astronomie, pour observer les mouvemens des corps célestes.

Télescopiques (étoiles) sont celles qui ne sont pas visibles à l'œil nu, et qui ne s'aperçoivent qu'à l'aide d'un télescope.

Temps, mesure de durée qui dépend du mouvement des corps célestes.

Terre, nom de la planète que nous habitons; son orbite est placée entre celles de Vénus et de Mars, qu'elle parcourt en 365 jours à peu près, ce qui constitue notre année; indépendamment de ce mouvement, elle en a un autre qui constitue les jours et les nuits; c'est son mouvement de rotation. La terre tourne donc 365 fois à peu près sur elle-même, pendant qu'elle tourne une seule fois autour du soleil.

Thermomètre, nom d'un instrument qui indique les degrés de chaleur ou de froid. On en fait usage, conjointement avec le baromètre, pour corriger les variations de réfraction provenant du changement de température et de gravité spécifique de l'atmosphère.

Transit, passage d'une planète devant ou sur le

disque d'une autre étoile ou planète : tels sont les passages de Mercure et de Vénus sur le disque du Soleil. On s'exprime de même en parlant du passage d'une étoile sur le méridien.

Triangle, figure géométrique formée de trois lignes qui s'entrecoupent de manière à renfermer un espace. Les triangles ont donc trois côtés et trois angles intérieurs.

On distingue particulièrement les triangles rectangle, équilatéral et obtusangle : *rectangle*, parce qu'il contient un angle droit ; *équilatéral*, parce que les trois côtés sont égaux ; et *obtusangle*, parce qu'il contient un angle obtus. Les trois angles intérieurs de tout triangle sont égaux à deux angles droits ou 180°.

Trombes, l'un des phénomènes atmosphériques.

Tropiques, deux petits cercles de la sphère, parallèles à la ligne équinoxiale et à 23° 28′ de distance de ce grand cercle ; ils forment ainsi les limites des plus grandes déclinaisons boréales et australes du soleil.

Vapeurs. La surface de l'océan laisse presque perpétuellement, par l'effet de la chaleur, échapper des parcelles d'eau. Ces parcelles sont de la vapeur, et le phénomène qui a lieu alors se nomme évaporation.

Vertical (cercle), grand cercle perpendiculaire à l'horizon, et qui passe par le zénith et le nadir de tout lieu quelconque.

Z.

Zodiacale (lumière), apparence de lumière que l'on voit particulièrement au mois de mars, vers le coucher et le lever du soleil; on pense que cette lumière doit son origine à la réfraction des rayons solaires, produite par l'atmosphère de cet astre.

Zodiaque, nom d'une bande très-large des cieux, au milieu de laquelle se trouve l'écliptique; sa largeur est à peu près de 18°. Son nom vient de ce que les anciens, pour représenter les constellations qu'elle renferme, les ont désignées sous différentes figures d'animaux.

Zônes. On nomme ainsi les cinq grandes divisions du globe, qui sont : la *zône torride* comprise entre les deux tropiques; les *deux zônes tempérées* comprises entre les deux tropiques et les deux cercles polaires; et les *deux zônes glaciales* qui se trouvent entre les deux cercles polaires et les pôles.

FIN.

TABLE
DES MATIÈRES.

ASTRONOMIE.

Pages

MÉTÉOROLOGIE.

FIN DE LA TABLE.

www.ingramcontent.com/pod-product-compliance
Ingram Content Group UK Ltd.
Pitfield, Milton Keynes, MK11 3LW, UK
UKHW021853190726
13855UKWH00001B/290

9 782013 403610